U0146199

肉羊饲养致富指南

陈小强　主编

内蒙古科学技术出版社

图书在版编目（CIP）数据

肉羊饲养致富指南 / 陈小强主编. — 赤峰：内蒙古科学技术出版社，2020.5（2022.9重印）
（农牧民养殖致富丛书）
ISBN 978-7-5380-3211-6

Ⅰ. ①肉… Ⅱ. ①陈… Ⅲ. ①肉用羊—饲养管理—指南 Ⅳ. ①S826.9-62

中国版本图书馆CIP数据核字（2020）第094380号

肉羊饲养致富指南

主　　编：陈小强
责任编辑：许占武
封面设计：王　洁
出版发行：内蒙古科学技术出版社
地　　址：赤峰市红山区哈达街南一段4号
网　　址：www.nm-kj.cn
邮购电话：0476-5888970
排　　版：赤峰市阿金奈图文制作有限责任公司
印　　刷：内蒙古爱信达教育印务有限责任公司
字　　数：195千
开　　本：880mm × 1230mm　1/32
印　　张：7.875
版　　次：2020年5月第1版
印　　次：2022年9月第4次印刷
书　　号：ISBN 978-7-5380-3211-6
定　　价：20.00元

如出现印装质量问题，请与我社联系。电话：0476-5888926　5888917

编 委 会

主　编　陈小强

副主编　付明哲　闫　朝　武和平

编　委　（以姓氏笔画为序）

仇志林　付明哲　闫　朝

刘　璐　陈小强　武和平

审　稿　马章全

目　录

第一章　肉羊饲养效益分析

第一节　羊肉的特点及营养价值

一、羊肉的特点

早在远古时代，我们的祖先就发明了“羹”字，这就说明用羔羊肉做成汤其味道最鲜美。《本草纲目》记载：“羊肉气味苦、甘，大热，无毒，性温。羊肉热属火，故配于苦。羊之齿、骨、五脏皆温平，惟肉性大热也。”羊肉是高品质的蛋白食品，尤其是羊羔肉，被称为“肉之上品”。其蛋白质含量较高，钙、铁、磷、碘等矿物质的含量，维生素B含量均高于猪肉和牛肉，热量高于牛肉。羊肉的肉质细嫩，胆固醇的含量较牛肉、猪肉少，还有增加消化酶的功能，可保护胃壁，帮助消化，非常适合体质偏于虚寒的中老年人食用。常食用可增强体质，使人精力充沛，延年益寿，特别是羔羊肉瘦肉多，肌纤维细嫩，脂肪少，膻味轻，味美多汁，易消化吸收，具有独特的保健作用。

羊的生理成熟较其他家畜早，出生后的生长速度仅次于猪，羔羊生后15~18天体重增加一倍，在正常饲养管理条件下，羔羊5月龄时，日增重可在250~400克，4~5月龄时已出现“大理石肉”。因此，羊肉是人类理想的肉食品之一。与其他肉类相比，羊肉具有以下特点。

（1）羊肉的蛋白质含量高而脂肪含量低。羊肉蛋白质含量低于牛肉，高于猪肉，脂肪含量高于牛肉而不及猪肉，胴体脂肪层薄，产热量较牛肉高，低于猪肉，见表1–1。

表1–1　几种主要肉类的营养成分及产热量比较

项目	绵羊肉	山羊肉	牛肉	猪肉
蛋白质（%）	12.8~18.6	16.2~17.1	16.2~19.5	13.5~16.4
脂肪（%）	16.0~37.0	15.1~21.1	11.0~28.0	25.0~37.0
1千克肉含热值（兆焦）	38.5~66.9	36.8~56.5	31.4~56.1	52.7~68.2
水分（%）	48.0~65.0	61.7~66.75	5.0~60.0	49.0~58.0
矿物质（%）	0.8~0.9	1.0~1.1	0.8~1.0	0.7~0.9
100克肉含钙（毫克）	45.0	—	20.0	28.0
100克肉含磷（毫克）	202.0	—	172.0	124.0
100克肉含铁（毫克）	20.0	—	12.0	9.0

（2）羊肉中赖氨酸、精氨酸、组氨酸、苏氨酸、甘氨酸、丝氨酸等含量高于牛肉、猪肉和鸡肉，见表1–2。

表1–2　几种肉类每100克蛋白质中氨基酸含量

种类	羊肉（克）	牛肉（克）	猪肉（克）	鸡肉（克）
赖氨酸	8.7	8.0	3.7	8.4
精氨酸	7.6	7.0	6.6	6.9
组氨酸	2.4	2.2	2.2	2.3
色氨酸	1.4	1.4	1.3	1.2
亮氨酸	8.0	7.7	8.0	11.2
异亮氨酸	6.0	6.3	6.0	6.1
苯丙氨酸	4.5	4.9	4.0	4.6

续表

种类	羊肉（克）	牛肉（克）	猪肉（克）	鸡肉（克）
苏氨酸	5.3	4.6	4.8	4.7
蛋氨酸	3.3	3.3	3.4	3.4
缬氨酸	5.0	5.8	6.0	5.5
甘氨酸	4.7	2.0	4.3	1.0
丙氨酸	4.3	4.0	6.4	2.0
丝氨酸	6.3	5.4	4.0	4.7
天门冬氨酸	6.5	4.1	8.9	3.2
胱氨酸	1.0	1.3	1.1	0.8
脯氨酸	3.8	6.0	4.6	6.1
谷氨酸	10.4	15.4	14.5	16.5
络氨酸	4.9	4.0	4.4	3.4

（3）羊肉中含有丰富的维生素和钙、磷、铁等矿物质，铜和锌含量则显著超过其他肉类。

（4）羊肉中胆固醇含量与其他肉类相比较低。如100克可食瘦肉中的胆固醇含量：绵羊肉为65毫克、山羊肉为60毫克、牛肉为63毫克、猪肉为77毫克、鸭肉为80毫克、兔肉为83毫克、鸡肉为117毫克。

（5）羊肉脂肪中含有挥发性脂肪酸，使其具有特殊风味（膻味），为许多人所喜食。

（6）羊肉肌纤维束较细嫩，易熟、易消化。一般山羊肉脂肪较绵羊肉少，因而不如绵羊肉嫩。

二、羊肉的营养价值

任何肉类的食用价值，一是取决于适口性，能否烹调成美味佳肴；二是取决于营养性，是否有较高含量的蛋白质、必需氨基酸和人体需要的一定营养；三是取决于保健性，是否有较低含量的胆固醇和不饱和脂肪酸等。羊肉属高营养密集食品。大羊、羔羊屠宰后可食部分占活重的比例如下，包括胴体与其他可食部分、可食脂肪、血分别为61%~63%、4%~5%、4%~4.5%和62%~64%、5%~6%、3.5%~4%。

俗话讲：药疗不如食疗。中医认为羊肉味甘，性温热，无毒，入脾、肾、心经，具有益气补虚，温中暖下等作用。羊头、羊肝、羊血、羊乳、羊肾等也有较好的营养和保健医用等作用。羊肉性温热，补气滋阴、暖中补虚、开胃健体，金代李杲说："羊肉有形之物，能补有形肌肉之气。故曰补可去弱。人参、羊肉之属。人参补气，羊肉补形。凡味同羊肉者，皆补血虚，盖阳生则阴长也。"《本草纲目》中羊肉被称为补元阳益血气的温热补品。温热对人体而言就是温补，这一点在《伤寒论》及《千金书》中都有记载。羊肉固有强大的增温御寒作用，尤其在严寒的冬季，对虚寒体质者、病后气血两虚、气管炎、肺气肿、哮喘、贫血等都有很大裨益，可见羊肉是人们冬令时节进补的最佳食品。所以无论是冬季还是夏季，人们适时地多吃羊肉都可以去湿气、避寒冷、暖心胃。

与牛肉、猪肉相比，羊肉有不少特异之处。如蛋白质近于牛肉，高于猪肉；脂肪和热量高于牛肉，低于猪肉；氨基酸三者近似，牛肉稍高；脂肪软脂酸、油脂酸羊肉最低，硬脂酸羊肉最高，不饱和脂肪酸高于牛肉低于猪肉，胆固醇羊肉最低，铜、锌、铁、钙、磷羊肉最高；羔羊肉富含磷和硫胺素、核黄素、烟酸，维生素B_1近于牛肉，低于猪肉；维生素B_2三者近似，牛肉稍高；维生素B_6低于牛肉、猪肉；维生素B_{12}羊肉最高；硫胺素高于牛肉，低于猪肉；烟酸高于牛肉、猪肉。铁和锌是不少食品中所不足的，羔羊精肉中一半的铁属于易吸收的血红素正铁型，对造血有显著功效，同时还有助于加强摄入的非肉膳食中铁的吸收。据美国农业部报告，一份85克熟羔羊精肉膳食提供的营养，按一名23~50岁男人的标准需要量计算，相当于37%

的维生素B_{12}、10%的铁、30%的锌和54%的蛋白质，而摄入热量仅为9%。日本学者发现每100克羊肉中含肉碱188~282毫克，因为肉碱能够运送脂肪酸到其氧化区域，参与调节脂肪酸的氧化速率，同时还有提高神经传导递质——乙酰胆碱的生成和防止人的快速老化功效。羊肉中的蛋白质可以为人体提供不少于8种必需氨基酸，超过植物蛋白质。胆固醇在人体内每日生成800~1 500毫克，每人每日摄取膳食的胆固醇以300毫克为宜（美国脏学协会建议），一份85克熟羊肉含胆固醇仅78毫克，占标准摄入量的26%。熟羔羊肉中含脂肪6%~15%，其中饱和脂肪酸占56%，其余为不饱和脂肪酸。

近年来对肉碱的研究，使羊肉的营养价值越来越得到重视。肉碱或左旋肉碱是一种新的营养添加剂，目前已有19个国家将左旋肉碱作为制造婴幼儿营养品的添加剂。运动员服用左旋肉碱能增加运动员的体力、耐力和抗疲劳能力，因而能提高运动员的成绩。在老年人的营养方面，左旋肉碱也能增强人体酶和激素的活力，尤其对心脏的营养起到重要作用。人体除自身能合成左旋肉碱外，主要来源于动物食品，在不同动物的肉中左旋肉碱含量最多的是羊肉，每千克羊肉中含左旋肉碱高达2.1克，其次为牛肉，含0.64克，猪肉0.3克，鸡肉0.075克，牛奶0.02克，鸡蛋0.008克，可见羊肉中左旋肉碱含量是很突出的。这样的结果非常符合历代中医及民间对羊肉滋补作用的认识，是对羊肉功效的科学解释。

据报道，瑞士科学家发现在牛和羊的体内存在着一种抗癌物质，这种被称为CLA的脂肪酸对治疗癌症有明显效果。位于瑞士福莱堡一家动物研究所的科学家们经过多年研究，发现了CLA的独特性质。通过对老鼠和人体细胞所做的试验，科学家们发现，在CLA的作用下，癌细胞生长得到抑制并逐渐减少，这种作用对于治疗皮肤癌、结肠癌及乳腺癌有着明显的效果。专家指出，CLA物质主要存在于肉类和奶制品中，反刍动物如牛和羊体内CLA的含量大大高于猪和鸡的含量。试验还证明，在草原上放养的动物体内CLA含量更高。

第二节 肉羊生产效益分析

肉羊生产是一种投资少、见效快、适宜面广的产业。提高肉羊生产数量，改善产品品质，是提高生产经济效益的一个重要方面。另一方面，还必须根据市场的情况以及当地的生产环境条件来合理进行生产安排，使肉羊能够全年均衡出栏。同时还必须要有一定的生产规模才会产生规模效益，并在一定规模的基础上，降低基础设施建设投资，调动管理人员和生产员工的积极性，降低生产成本，挖掘企业潜力，在整体上体现出其较高的经济效益。

本节将在以下内容中进行肉羊生产过程中的成本构成、技术效果指标、利润测算及盈利能力分析，适用于农户养殖，也适用于专门化、规模化的养殖场。各地因所处的地理位置、销售渠道和生产管理方法上可能存在着较大差异，因此，本节所介绍的内容可能与养殖者的情况不一定非常吻合，仅供参考。

一、经济效益的构成要素

（一）肉羊生产成本及其构成

肉羊生产成本是指在肉羊生产和销售过程中所消耗的生产资料价值和付出劳动价值的货币表现，或者说就是农户在进行肉羊饲养、繁殖、管理、销售等活动时所支付的费用。肉羊生产的全部成本由直接成本、间接成本和可变费用构成，如图1–1所示。

1. 直接成本　是指直接反映肉羊生产过程中的各项支出，即可直接进入肉羊生产的生产成本。它包括育肥羊购买费、租型费用、劳务费、生产损失和其他直接费用。

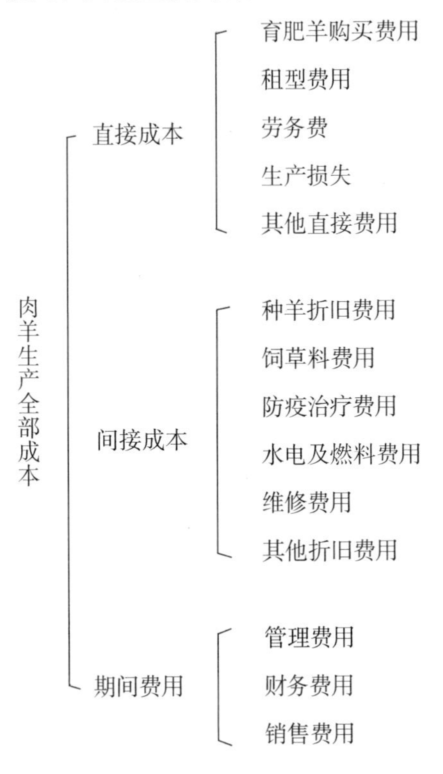

图1–1　肉羊生产成本的总体构成

（1）育肥羊购买费　指购买时实际支付的费用。

（2）租型费用　指向其他单位租赁用于肉羊生产活动而支付给出租单位的使用费，包括羊场场地租赁费、房舍租赁费、草场租赁费等。

（3）劳务费　指用于肉羊生产活动所支付的一次性劳务报酬。如技术培训费等。

（4）生产损失　指肉羊生产过程中尚未销售因出现死亡而造

成的净损失。

（5）其他直接费用指上述各项费用以外的其他直接成本。

2. 间接成本　是指虽与肉羊生产有关，但难以明确区分与哪个具体项目直接有关而只能按一定方法分摊到肉羊生产的完工产品成本中的各项间接费用，即养羊所发生的各项支出，包括种羊折旧费用、饲草料费用、水电及燃料费用、维修费用、防疫治疗费用、其他折旧费用等。

（1）种羊折旧费用　指种羊引进时的购买费用按利用年限分摊到每年的费用。一般来说，种羊的利用年限为8~10年，可按此年限分摊折旧。

（2）饲草料费用　指进行肉羊生产活动实际消耗的饲草和饲料的费用。

（3）防疫治疗费用　指用于羊群驱虫、药浴、去势、配种、防疫、治疗等生产活动而产生的费用。

（4）水电及燃料费用　指实际消耗的水、电、燃料费用总和。

（5）维修费用　指羊舍房屋、机械设备、饲养设备等因损坏而进行维修时所产生的费用。

（6）其他折旧费用　包括种羊折旧费用、房屋折旧费用、机械设备折旧费用、饲养设备折旧费用等。房屋折旧费用、机械设备折旧费用及饲养设备折旧费用一般按10年使用期折算。

3. 期间费用　是指一定时期内所发生的不能直接归属于某个特定产品的成本而必须从当期收入中扣除的成本，包括管理费用、财务费用和销售费用。

（1）管理费用　指肉羊生产管理部门进行生产活动而发生的各种费用。如生产管理人员的工资、奖金、津贴和补助等。

（2）财务费用　指养羊户为肉羊生产经营所需资金而发生的费

用。如为贷款而支付的利息，支付给金融机构的手续费等。

(3) 销售费用　指肉羊产品在销售活动中支付的费用。

(二) 肉羊生产收入构成

肉羊生产收入是指养羊户进行养羊生产活动所获得的经济回报，收入多是直接的、可变的收入。影响肉羊生产收入的因素很多，主要有饲养肉羊的品种、生产条件、管理因素、市场和加工因素等。肉羊生产总收入包括出售种羊收入、育肥商品羊收入、淘汰羊收入、羊毛和羊绒收入、羊皮收入、羊粪收入等。

(1) 出售种羊收入　包括出售种公羊、种母羊的实际收入和种公羊冻精、胚胎等收入。

(2) 育肥商品羊收入　指杂交育肥肉羊出栏活体重与单价乘积之和。

(3) 淘汰羊收入　是指对失去种用价值的种公羊和种母羊以及不能用作育肥用的公母羊按肉用商品羊进行淘汰处理的收入。

(4) 羊毛和羊绒收入　是指部分毛肉兼用或绒肉兼用型肉羊羊毛或羊绒部分所获得的实际收入。

(5) 羊皮收入　包括成羊皮、羔羊皮收入。

(6) 羊粪收入　按实际销售羊粪所得收入计算。

二、肉羊生产技术效果指标分析

生产技术指标的高低是衡量肉羊生产活动中实施技术措施、综合管理措施的关键，只有优秀的技术指标，才能在有限条件下获得最大经济效益。通过对生产技术指标的计算分析，可以反映出生产技术措施的效果，以便不断总结经验，改进工作，进一步提高肉羊生产技术水平。常用的主要有以下几项。

（一）受配率

受配率表示本年度内参加配种的母羊数占羊群内适龄繁殖母羊数的百分率。主要反映羊群内适龄繁殖母羊的发情和配种情况。

$$受配率=\frac{配种母羊数}{适龄母羊数}\times 100\%$$

（二）受胎率

受胎率指在本年度内配种后妊娠母羊数占参加配种母羊数的百分率。实际工作中又可以分为以下2种。

1. 总受胎率　指本年度受胎母羊数占参加配种母羊的百分率。它反映母羊群中受胎母羊的比例。计算方法为：

$$总受胎率=\frac{总受胎母羊数}{配种母羊数}\times 100\%$$

2. 情期受胎率　指在一定的期限内受胎母羊数占本期内参加配种的发情母羊数的百分率。反映母羊发情周期的配种质量。计算方法为：

$$情期受胎率=\frac{情期受胎母羊数}{配种数}\times 100\%$$

（三）产羔率

指产羔数占分娩母羊数的百分率。反映母羊的妊娠和产羔情况。计算方法为：

$$产羔率=\frac{产出羔羊数}{分娩母羊数}\times 100\%$$

（四）羔羊成活率

指在本年度内断奶成活的羔羊数占本年度内出生羔羊的百分率。反映羔羊的抚育水平。计算方法为：

$$羔羊成活率=\frac{成活羔羊数}{产出羔羊数}\times100\%$$

（五）繁殖率

指本年度内出生的羔羊数占上年末存栏的适繁母羊数的百分率。反映羊群在一个繁殖年度的增值效率。

$$繁殖率=\frac{本年度产羔数}{上年度末存栏适繁母羊数}\times100\%$$

（六）繁殖成活率

指本年度内断奶成活的羔羊数占本年度内适龄繁殖母羊数的百分率。反映母羊的繁殖和羔羊的抚育水平，是母羊受配率、受胎率、产羔率、羔羊成活率的综合反映。计算方法为：

$$繁殖成活率=\frac{断奶成活羔羊数}{适龄繁殖母羊数}\times100\%$$

（七）肉羊出栏率

指当年肉羊出栏数占年初存栏数的百分率。该指标反映肉羊生产水平和羊群周转速度。计算方法为：

$$肉羊出栏率=\frac{年度内肉羊出栏数}{年初肉羊存栏数}\times100\%$$

（八）增重速度

指一定饲养期内肉羊体重的增加量。反映肉羊育肥增重效果，一般以平均日增重表示（克/日）。计算方法为：

$$增重速度（克/日）=\frac{一定饲养期内肉羊增重}{饲养天数}\times100\%$$

（九）饲料转化率

指投入单位饲料所获得的畜产品的量，反映饲料的饲喂效果。在肉羊生产上常以每单位增重所消耗的饲料量表示。

三、经济效益分析

肉羊生产者在经济上只有做到以收抵支、收支持平才能维持生存。只有实现利润，达到收大于支，才有维持发展的动力。成本费用的升降和销售数量的多少，与利润的实现和大小有着密切关系。为实现一定的利润目标，需要降低多少成本费用或提高多少销售数量，这是肉羊生产财务管理的核心问题，也是肉羊养殖户进行经济效益测算时必须把握的问题。经济效益如何，要通过相对准确、完整的经济核算来体现。

（一）成本分析

面对错综复杂的分析对象，为了使分析能够顺利进行并得到比较科学的分析结果，肉羊生产的成本费用必须划分为固定成本和变动成本，这是因为经济效益分析是建立在变动成本的基础上的。

1. 变动成本　变动成本的特性是它的总额随肉羊生产量的增加或减少而增加或减少，并在一定范围内呈正比例变化。根据肉羊生产成本组成结构，育肥羊购买费用、饲草料费用、水电及燃料费用、租型费用、防疫治疗费用、劳务报酬费用等属于变动成本项目。

单位变动成本是指实际生产肉羊产品个体所直接消耗的物质材料和劳动力成本。肉羊每一单位产品变动成本与肉羊生产数量的乘积就是变动成本，换句话说变动成本就是一定数量肉羊产品变动成本的总和。产品成本是衡量羊场经营管理成果的综合指标，分析之前应对成本数据加以检查核实，严格划清各种费用界限，统一计划口径，以确保成本资料的准确性和可比性。

2. 固定成本　固定成本的特性是它的总额在一定时期、一定范围内，不受肉羊生产量变动的影响。固定成本包括种羊折旧费用、房屋折旧费用、机械设备折旧费用、饲养设备折旧费用、维修费用、其他直接费用等。

3. 应注意的问题　肉羊生产具有较强的季节性，一年中肉羊及其产品的获得是不均衡的，核算生产费用时不能和生产产品的时间相一致。变动成本与固定成本经常互相转化。如一般将羔羊和能繁公母羊作为固定成本的核算内容，但当羔羊育成商品羊，能繁公母羊淘汰育肥时，则这部分羊又按变动成本进行核算。

（二）保本数量测算

测算出栏羊数达到多少时销售收入可与相应的肉羊生产成本和销售税金刚好相等，不亏也不盈，即能够“保本”。这个出栏羊的数量，就是所谓的“保本点”。当实际销售数量低于保本点，就会亏损；当实际销售数量高于保本点，就获取盈利。保本数量实际上就是利润为零时出栏肉羊的数量。计算公式为：

$$销售数量=\frac{固定成本总额}{单位销售收入-单位变动成本-单位销售税金}\times 100\%$$

（三）保利分析

保利分析是对目标利润进行的分析。

1. 目标利润测算　在已知销售数量的情况下，测算能实现多少目标利润。计算公式为：

利润=（单位销售收入−单位销售税金−单位变动成本）×销售数量−固定成本总额

2. 目标销售量测算　在目标利润已确定的情况下，如需测算销售数量达到多少时可用下式来测算。

$$销售数量=\frac{固定成本总额+利润}{单位销售收入-单位变动成本-单位销售税金}\times 100\%$$

（四）利润指标分析

利润率是将利润与成本、产值、资金对比，以不同角度说明问题。羊场利润率越高，说明羊场经营管理越好。

1. 销售利润及销售利润率

销售利润=销售收入—生产成本—销售费用—税金

$$销售利润率=\frac{产品销售利润}{产品销售收入}\times100\%$$

2. 营业利润及营业利润率　肉羊生产活动的推销费用包括接待费、推销人员工资及旅差费、广告宣传费等。

营业利润=销售利润—推销费用—推销管理费

$$营业利润率=\frac{营业利润}{产品销售收入}\times100\%$$

3. 产值利润及产值利润率

产值利润=产品产值—变动成本—固定成本

$$产品利润率=\frac{利润总额}{产品产值}\times100\%$$

4. 经营利润及经营利润率　营业外损益指与企业的生产活动没有直接联系的各种收入或支出。例如：罚金、由于汇率变化影响到的收入或支出、企业内事故损失、积压物资削价损失、呆账损失等。

经营利润=营业利润±营业外损益

$$经营利润率=\frac{经营利润}{产品销售收入}\times100\%$$

5. 成本利润率

$$成本利润率=\frac{利润总额}{成本总额}\times100\%$$

6. 资金利润率

$$资金利润率=\frac{利润总额}{平均占用资金总额}\times100\%$$

7. 投资利润率

$$投资利润率=\frac{年利润总额}{基本建设投资总额}\times 100\%$$

（五）赢利能力分析

肉羊生产是以流动资金购入饲草料、育肥羊（羔羊）、医药、燃料等，在人的劳动作用下转化成肉羊产品，通过销售又回收了资金，这个过程叫资金周转一次。利润就是资金周转一次或使用一次的结果。既然资金在周转中获得利润，周转越快、次数越多，企业获利就越多。

1. 流动资金周转次数

$$流动资金周转次数=\frac{全年产品销售收入}{全年平均流动资金占用额}\times 100\%$$

2. 流动资金周转天数

$$流动资金周转天数=\frac{360}{全年流动资金周转次数}\times 100\%$$

3. 流动资金产值率

$$流动资金产值率=\frac{总产值}{全年平均流动资金占用额}\times 100\%$$

4. 流动资金利润率

$$流动资金利润率=\frac{总利润额}{全年平均流动资金占用额}\times 100\%$$

（六）劳动生产率分析

该指标反映肉羊养殖企业的劳动效率，通过以下指标的计算分析，即可反映出羊场劳动生产率水平以及劳动生产率升降原因，以便采取对策，不断改进。常见有如下指标：

1. 人均年生产产品数量

$$人均年生产产品数量=\frac{肉羊产品数量}{职工总数}$$

2. 单位产品耗工时数

$$单位产品耗工时数=\frac{消耗的劳动时间}{肉羊产品数量}\times 100\%$$

3. 人年创产值数

$$人年创产值数=\frac{总产值}{职工总数}\times 100\%$$

4. 人年创利润数

$$人年创利润数=\frac{总利润额}{职工总数}\times 100\%$$

第三节　提高肉羊饲养效益的主要途径

养羊业是一项科学性强、见效快、风险性较大的农村致富产业，要提高养羊效益，必须转变观念，依靠科学，强化管理。农户养羊的主要目的是盈利，其产品应是低成本，高质量，适合市场需要的。因此，饲养肉羊要如何获得经济效益最大化就成为大家关心的焦点。所以要提高养羊的饲养效益，既要制订正确的经营决策，使产品具备市场竞争能力，销路通畅，又要采用先进的科学技术，提高产量，降低成本，同时还要抓好生产中的经营管理工作。

一、家庭养羊的适度经营规模

我国养羊业过去大部分是分散饲养，粗放管理，规模化养羊较少,使一些科学技术的普及和推广应用受到自然、社会和经济等方面的影响。而集约化规模经营,使肉羊的高效养殖得以实现。规模养羊由饲养的羊数量、场房、饲养设备、放牧草地、饲草料生产地等生产资料及资金、劳动力等要素确定生产能力。一般来说,经营规模大,经济实力强,则易于配套实施和采用较先进的技术、设备,能够使各种生产设备和资金得到充分合理的利用。从经济上可以达到规模效应,易于实行劳动力分工协作和专业化生产,能较快地提高饲养管理人员科学养殖技术及提高劳动生产率、生产设备设施利用率及饲草饲料利用率,从而降低饲养成本,实现较好的规模效益。从管理和服务的角度上可以引进和普及一些现代的养殖方法和技术。另外规模饲养还有利于批量销售,提高肉羊供应的持续性和可靠性,与客户建立长期的合作关系。

家庭养羊规模的大小与经济效益的高低并不是任何时候都成正比例,只有当生产要素的投入规模与本羊场经营管理水平相适应,而产品又适销对路时,才能获得最佳经济效益。各种生产要素的规模结构,是决定规模效益的重要因素。任何畜牧企业经营规模的大小均受多种复杂因素的影响,不可能任意扩大,肉羊养殖也不例外。如草场的数量和质量及其地理位置,以及粗饲料有效利用情况是制约养羊生产规模的主要因素之一。在一定的技术条件下,土地和草场的质量好坏,决定了经营规模的大小。土地和草场的地理位置,决定了运输费用的大小及所要花费时间的多少,从而也影响经营利润。养羊生产所采用的技术水平和生产工具的机械化先进程度也决定着经营规模。如舍饲条件下全进全出制的肥羔生产技术,则无疑会大大提高肉羊生产的经营规模。家庭养羊生产者的经营管理能力是能否实现大规模经营的决定性因素。规模出效益,管理同样出效益,而实现规模效益的关键有赖于高水平的管理。家庭养羊规模要与经营管理人员的科技、经营管理水平相适应。

从长远看，随着肉羊产业化生产的逐渐扩展，其产前、产中、产后的一些工作，如饲草饲料的采集、种植与加工，良种的繁育与供应，疫病防治，运输，羊产品的加工，信息反馈等环节会逐渐分离出来，形成相对独立又互为依存的单元，从而使养羊生产企业可以将劳动、资金、技术集中到相对单一的生产过程，使其经营规模得以进一步扩大。因此，肉羊商品生产没有一定规模就形不成良好的效益，其经营规模又受到诸多因素的制约，故只有经过客观地分析、充分地论证后，因地制宜地确定适度经营规模，才能获取较好的规模效益。

二、选择适销对路的优良品种

俗话说“母羊好好一窝，公羊好好一坡”，这说明科学选种在肉羊养殖中具有重要作用。在肉羊发展过程中，一定要重视优质种羊的选种选配。选择优良羊种，是提高养羊生产的有效措施之一。良种本身具有较高的生产性能，不仅可以改良提高同类型的其他低产品种的产品产量，而且可以改进产品质量。良种肉羊的特征是体型大、生长快、出肉率高、饲料报酬高、出栏快、饲养期短。其后代商品羊的饲料利用率高，生长速度快，可大大降低饲养成本。从目前的市场销售情况看，一只良种羊的价值是同等地方品种羊的几倍甚至几十倍。地方品种羊在放养条件下有微利，但利润相对于改良羊较低，由此可见，饲养优良品种羊可获得较高的收益。有条件的饲养户可坚持自繁自养，广泛开展二元杂交或三元杂交，逐步建立起相应的肉羊育肥体系，这样既可节省开支，又能减少羔羊应激，防止疫病传入。

选择羊种时还应根据本地的具体情况，如当地生态环境条件、饲料条件、市场羊肉及其产品的需求情况等，最好选择经过对比试验筛选过的生长快、适应性好的二元或三元杂交羊作为育肥羊。

三、提高饲料利用率

进行肉羊生产时必须讲究科学养羊，除选择良种羊饲养以外，要饲喂配合饲料，扩大饲料资源，降低饲料费用。饲料成本占羊场总成本70%~80%。饲料质量的优劣在很大程度上影响羊只生产性能的发挥，饲料的质量和价格是生产经营成败的决定因素。因此，除应用配合饲料外，要根据当地饲草料资源特点，充分开发饲料来源，尤其是秸秆类饲料。饲养肉羊应根据其不同生理阶段，按标准供给配合饲料。保证日粮质量安全，切勿饲喂掺假或霉变及刺激性强的饲料。一是有计划地利用饲料田、低产地等种植一些牧草。紫花苜蓿适应性强、产量高、营养价值高，是北方农户种草的首选。二是合理利用农作物秸秆，加以青贮和氨化，经处理后，不但适口性增强，而且提高了利用率和营养价值。在补饲期间，处理后的秸秆饲料可占饲料的1/3左右。

四、确定合理的羊群结构

稳定与合理的羊群结构是保持较高生产率的基础。长期以来，我国的羊群结构一直处于不合理状态，能繁母羊比例低，一般在50%左右，羊群扩繁慢，经济效益低。羊群结构包括羊群的品种结构、年龄结构与性别结构比例。从肉羊生产特点上说，按适当比例调节性别、年龄及用途，羊群繁衍后代的数量多，品质高，获得的经济效益也就高。所以繁殖率高、早熟的肉羊品种比繁殖率低、晚熟的品种显然会取得更好的经济效益。羊群中公、母羊的比例，适繁母羊、育成羊和羔羊的数量比等，都直接影响着饲养繁殖的效率、产品输出及饲料等资源的利用率。理想的羊群公母比例是1∶36，繁殖母羊、育成羊、羔羊比例应为5∶3∶2，可保持较高的生产效率、繁殖率和持续发展后劲。在此基础上，农户可根据本地特点和所饲养的羊品种不同而略有调整。因此，需要确定当年的养羊头数，根据育肥羊的出栏头数等于或小于羔羊的成活数为原则，使成年母羊占整个羊群的60%以上。再按成年母羊以每年15%的比例进行淘汰的原则，使母羊羔占整个羊群的20%左右。这样，各年龄段的母羊应占到全群羊数的70%左右，各年龄段的公羊（含阉割）应占整个羊群的30%。这样既便于羊群管理，也有利于提高效益。

五、实行羔羊早期断奶

羔羊早期断奶是体现养羊生产水平的一个重要标志。这是控制母羊哺育期，缩短母羊产羔间隔和控制繁殖周期，达到1年2胎或2年3胎，是多胎多产的一项重要技术措施。羔羊早期断奶的方法有：在羔羊出生1周龄左右即断奶，然后用代乳品进行人工育羔；在羔羊出生45~50日龄时断奶，断奶后除饲喂优质青饲料或放牧外，适当补喂混合精料。如羔羊出生1星期断奶，30天以前可用玉米粉30%、小麦粉22%、炒黄豆粉17%、脱脂奶粉20%、酵母粉4%、白糖4.5%、钙粉1.5%、食盐0.5%、微量元素添加剂0.5%、鱼肝油1~2滴，加清水5~8倍，搅拌均匀，煮熟后凉至37摄氏度左右代替奶水饲喂；30天以后断奶，用玉米粉40%、小麦粉19%、豆饼粉15%、奶粉10%、麸皮10%、酵母3%、钙粉2%、食盐0.5%、微量元素添加剂0.5%，加水适量搅拌均匀饲喂。

六、科学育肥

根据育肥羊的来源，一般应按品种（或类别）、性别、年龄、体重及育肥方法做好分群，育肥羊与其他羊分开饲养，以保证育肥的最佳效果。以放牧育肥为主要方式时应抓好放牧管理，选择天然牧场、牧草资源丰富的山区、丘陵山区以及有人工牧场和秋茬放牧地作补充的农牧区放牧。在牧草旺盛时，充分延长每天有效放牧时间，育肥羊最好每天放牧8小时以上，一般不需补喂精料，饲喂3~6个月出栏。采用放牧加补饲的育肥方式适用于肉羊的后期强度育肥，一般在由枯草季节转入舍饲育肥时应用，此时应注意避免过快变换饲料种类和饲料类型，并应科学确定喂量。凡霉败、变质、冰冻及有毒有害的饲草料禁止饲喂育肥羊。每年秋末是育肥羊膘情最好的时间，此时出栏屠宰，则会获取最佳的经济效益。因此，农户在进行肉羊生产时应选择最佳出栏时间，及时销售或屠宰，否则延长了育肥期，造成人力、财力的浪费，加大了饲养成本，使经济效益降低。

七、科学饲养管理

一般来讲，在提高肉羊饲养效益的过程中，选用良种肉羊是关键，而具有良好的技术和管理水平是走向成功的必由之路。提高肉羊科学饲养管理技术对肉羊业的发展具有促进作用，在加速传统养羊业向现代养羊业转变过程中，技术因素将越来越起到决定性作用。

在肉羊生产过程中，一定要注意提高饲养管理的水平，应考虑合理投入，有效改善舍饲基础条件。实行科学管理，掌握适时屠宰和出售，提高出栏率。制定技术规范，完善管理制度，做好技术应用全过程的跟踪服务和检测、监督。合理利用种公羊是提高母羊受胎率和产仔数、保证羊场均衡高效生产的重要措施。种公羊在全年必须保持良好的体况。因此，必须做到配种、营养和运动三者之间的平衡与协调。其配种频率要因公羊年龄、体重而定，如青年公羊一般每周配种1~2次，壮年公羊一般每天1~2次，连用3天中间要休息1天，公母比例不超过1∶20，非特殊情况一般不对外配种，以免传播疾病。种羊的日粮必须含有丰富的蛋白质、维生素和矿物质，饲料品质好，易消化。配种期种羊每天饲料喂量以1~1.5千克为宜，并适量加大蛋白质饲料比例。要加强对能繁母羊管理，对能繁母羊要求常年有良好的饲养管理条件，以完成配种、妊娠、哺乳和提高生产性能的任务。根据能繁母羊的不同生理阶段，对空怀母羊、妊娠母羊、哺乳母羊采取科学的饲草料供给，注意必要的饲料搭配，以满足母羊的营养需要。注意羔羊的饲养管理，羔羊出生后应尽早吃到初乳，人工哺乳务必做到清洁卫生、定时、定量。育成羊应分群饲养，断奶时不要同群同时断奶。预期增重是育成羊发育是否完善的标志，应按月固定时间抽测体重，检查全群的发育情况。

总之，科学的饲养管理能以最低生产成本获得最高的生产效益，有效的技术手段可最大限度减少不必要的损失，降低饲养成本，提高经济效益。

八、重视市场信息

要想提高肉羊饲养效益必须做到认识市场、适应市场、研究市场、引导市场、驾驭市场，使肉羊生产活动与消费者和社会的需求协调。以市场为中心的肉羊生产要求养殖者必须了解市场需求，透过纷繁嘈杂的市场表象，看清楚真正的需求机会，将潜在需求转化为真正收益。

总的来说，就是要通过市场调查，从宏观、微观两个层面全方位地了解市场需求，掌握市场的综合信息，依据需求开拓市场，提供产品。作为肉羊养殖者，及时而准确地了解行业发展状况、国内外肉羊业发展趋势，区域市场、全国市场、短期市场和长期市场信息等等，依据行业发展的潮流进行组织和安排生产活动，才能起到引领消费的作用，不断创新价值，开启利润源泉。对消费者进行深入的调查和研究，为肉羊生产提供丰富的信息，促进生产企业（或农户）与消费者之间的信息沟通，这对于推动产业的健康成长十分重要。依据这些信息，设计、策划的生产活动才能够达到搭建供需交易平台的目的，才能够得到供需双方的真正认可。同时要做到客观冷静地了解市场，理性分析需求，不为主观臆想所迷惑，不能仅仅满足于表面数据，才能开创新的市场机会。市场的发展变化是循序渐进的，一定会随着社会的发展而发展，随着行业的前进而变化。因此，市场研究不能一蹴而就，要把它作为一项日常工作，长期坚持下去。只有这样，才能做到决策是依据主观（企业内情况）和客观（市场、消费者需求状况）的真实信息，对市场的需求状况和未来发展方向心中有数，才能真正做到科学决策。

九、做好疫病防治工作

牢固树立“防重于治”的思想观念。第一，要彻底改变“有病治病、无病不防”的做法。要积极主动了解周围疫情，加强疫病监测，根据实际制定科学的免疫程序，切实做好口蹄疫、布氏杆菌病、羊痘、羊快疫、羊肠毒血症、羊猝疽、羊传染性胸膜肺炎、羊传染性脓疱病、羔羊痢疾等疫病的预防接种工作，尤其要做好布氏杆菌病的免疫接种工作。同时，提倡新生羔羊尽早吃到初乳。对购进的羊要先隔离观察45天，并补防缺漏疫苗，确认无病后方可混群。第二，要建立健全动物防疫卫生制度，对羊舍进行严格消毒，消灭蚊蝇。羊舍进出口要设置消毒池，人员及车辆进出必须进行严格消毒，为防止疫病传播，应对羊舍内外一定范围以及常用设施、用具定期进行消毒。同时，要正确使用消毒药品，最好选购2~3种消毒药物交替使用，避免产生耐药性。第三，要做好羊群驱虫。每年要在春秋两季各驱虫一次。短期育肥羊应在育肥前2周进行驱虫。使用药物多将硫咪唑和伊维菌素搭配使用，全面驱除体内外寄生虫。驱虫时应注意：如使用一种驱虫药后，应间隔2周，再使用其他的驱虫药物；驱虫宜在清晨空腹时进行；经口投药后勿进食，待6小时后可先给羊饮水再进食；羊群投药后3天内不要放牧，圈舍内粪便统一清扫，集中堆积发酵，以利用粪便发酵产生的热量杀死虫卵。

第二章 肉羊纯种繁育及杂交利用体系

第一节 肉羊的品种

肉羊具有生长发育快，饲料报酬高，肉质佳，繁殖率高，适应性强等优点。目前全世界有记载的绵羊品种500多个，山羊品种200多个，其中纯属肉用的品种不到10%。

一、肉用绵羊品种

（一）肉用绵羊的外貌特征

头部 头短而宽，鼻梁稍向内弯曲，耳短直立，嘴大而方，鼻孔大而圆，眼大有神。

颈部 颈短粗圆，肌肉发达。

鬐甲 鬐甲宽大，与背部平行，脊椎上有大量的肌肉和脂肪，肌肉发达。

背部 由于脊椎的横突较长，肋骨开张较圆，肌肉和脂肪发达，背部宽而平。

腰部 腰部宽、直、平，肌肉多。

臀部 臀部宽大，肌肉丰满，两后腿开张呈倒“U”形。

胸部　胸腔圆、宽、深，生长有大量的肌肉。

四肢　四肢短粗，端正，坚强有力，前后肢开张良好。

皮肤　皮下结缔组织及内脏器官发达，脂肪沉积量高，皮肤薄而疏松。

（二）肉用绵羊的主要生物学特性

1. 生长发育快、体重大、肉质好　肉用绵羊品种大都具备生长发育快、体重大等特点。羔羊肉胆固醇含量为49.21~55.44毫克/100克，明显低于鸡肉、牛肉及猪肉，这也是羊肉深受欢迎的原因之一。

2. 早熟性好　表现在生长发育早熟和性早熟。生长发育早熟是指从出生到幼年时期生长发育比其他品种快，育成羊体重的增长可达到周岁羊的70%~75%。无角陶赛特与小尾寒羊母羊杂交，其杂交后代表现出非常好的早熟特性，6月龄杂交一代可达到输精标准，6月龄母羊体重是周岁母羊的60%，但其子宫重已达周岁的76%以上。可见繁殖器官的早熟是高繁殖力品种的一个重要品质特性。

3. 繁殖力强　若培育的肉羊能达到一年四季发情，一年两产或两年三产，而且能够一胎多产，那么经济效益就会成倍增加，同时也可缓解羊肉特别是羔羊肉供不应求的现状。

（三）引进的国外肉用绵羊品种

发展肉羊生产的途径主要是用本地绵羊、山羊作母本，选用世界著名的体大、早熟、羔羊生长快、产肉性能好以及多胎的优良肉用品种作父本，通过二元、三元、多元杂交或轮回杂交的方法，生产商品羔羊肉。同时在大量杂交的基础上，采用育成或级进杂交的方法，选出最优秀、最理想的群体进行横交固定，培育新的肉羊品种。为了选择优良父本，避免盲目性，现将产肉性能高、繁殖力强、生长发育快、性早熟、体格大的主要绵羊品种介绍如下。

1. 无角陶赛特羊　无角陶赛特羊原产于大洋洲的澳大利亚和

新西兰。该品种是以雷兰羊和有角陶赛特羊为母本，以考力代羊为父本进行杂交，杂种羊再与有角陶赛特公羊回交，然后选择所生的无角后代培育而成。

该品种羊具有早熟、生长发育快、全年发情、耐热及适应干燥气候等特点。公、母羊均无角，体质结实，头短而宽，颈粗短，体躯长，胸宽深，背腰平直，体躯呈圆桶形，四肢粗短，后躯发育良好，全身被毛白色。成年公羊体重100~125千克，母羊75~90千克。胴体品质和产肉性能好，产羔率为130%~180%。经过育肥的4月龄羔羊的胴体重，公羔为22千克，母羔为19.7千克，屠宰率50%以上。

我国新疆和内蒙古自治区等地曾从澳大利亚引入该品种，经过初步改良观察，遗传力强，是发展肉用羔羊的父系品种之一。

2. 萨福克羊　萨福克羊原产于英国东南部的萨福克、诺福克等地区，是理想的生产优质肉杂羔父系品种之一，是世界公认的用于终端杂交的优良父本品种，在英国、美国用作肥羔羊生产的终端品种。

该品种体大、骨骼坚实、早熟、生长发育快、产肉性能好。3个月龄羔羊胴体重达17千克，肉嫩脂少。成年公羊体重90~100千克，母羊65~70千克，平均日增重250~300克，屠宰率50%以上，产羔率130%~140%。近年来该品种常作为我国肉羊生产或培育新品种比较理想的父本。

澳大利亚白萨福克是在原有基础上导入白头和多产基因，新培育而成的优秀肉用品种，是英国萨福克羊的改进型。体格大，颈长而粗，胸宽而深，背腰平直，后躯发育丰满，呈桶形，公母羊均无角，四肢粗壮。早熟，生长快，肉质好，繁殖率高，适应性强。成年公羊体重为110~150千克，成年母羊体重70~100千克，4月龄羔羊体重56~58千克，繁殖率为175%~210%，母羊初产繁殖率高达173.7%。后代发育良好，具有优秀的产肉性能和良好的杂交效果，是最佳肉羊生产的终端父本。

我国新疆和内蒙古等地区从澳大利亚引入该品种，除进行纯种繁育外，还同当地粗毛羊及细毛杂种羊杂交来生产肉羔羊。

3. 夏洛莱羊　夏洛莱羊原产于法国中部的夏洛莱地区，以英国莱斯特羊、南丘羊为父本与当地的细毛羊杂交育成的，具有早熟、耐粗饲、采食能力强、育肥性能好等特点。

夏洛莱羊头部无毛，脸部呈粉红色或灰色，额宽，耳大灵活，体躯长，胸宽深，背腰平直，后躯丰满，肌肉发达呈倒“U”字形，四肢较短，粗壮，下部呈浅褐色。成年公羊体重为110~140千克，母羊体重80~100千克；周岁公羊体重70~90千克，周岁母羊体重50~70千克；8月龄公羊体重达60千克，母羊体重40千克。屠宰率50%~55%，胴体品质好，瘦肉多，脂肪少，母羊8月龄即可参加配种，初产羔率达140%。

我国在20世纪80年代引进夏洛莱羊，主要分布在内蒙古、河北、河南、辽宁、山东等地。除进行纯种繁殖外，夏洛莱羊与当地羊杂交生产羔羊肉，也取得了较好的效果。该品种在英国、德国、比利时、瑞士、西班牙、葡萄牙及东欧的一些国家常用来生产肉羊。

4. 杜泊绵羊　原产于南非。杜泊绵羊是由有角陶赛特羊和波斯黑头羊杂交育成，主要用于羊肉生产，具有适应性强、食草广泛等优点。杜泊绵羊头颈为黑色，体躯和四肢为白色，头顶部平直、长度适中，额宽，鼻梁隆起，耳大稍垂。颈粗短，肩宽厚，背平直，肋骨拱圆，前胸丰满，后躯肌肉发达。四肢强健而长度适中，肢势端正。杜泊绵羊分长毛型和短毛型两个品系。杜泊羔羊生长迅速，断奶体重大，这一特点是肉用绵羊生产的重要经济特性。3.5~4月龄的杜泊绵羊体重可达36千克，屠宰胴体重约为16千克。成年公羊和母羊的体重分别在120千克和85千克左右。羔羊不仅生长快，而且具有早期采食的能力。一般条件下，羔羊平均日增重200克以上。杜泊绵羊以产肥羔肉特别见长，4月龄羔羊屠宰率51%，净肉率45%左右，肉骨比9.1∶1，料重比1.8∶1。胴体肉质细嫩、多汁，色鲜，瘦肉率高，在国际上被誉为“钻石级肉”。

杜泊绵羊繁殖期长，母性好。母羊一年四季均可产羔，母羊的产羔间隔期为8个月，母羊可达到2年3胎。杜泊绵羊具有多羔性，一般产羔率能达到150%。与各类羊杂交后代肉用性能好，产肉率高，肉质显著提高，是进行肥羔生产的优选品种。

5. 特克塞尔羊　特克塞尔羊原产于荷兰，是19世纪初在荷兰海岸线远端的特克塞尔岛育成的肉用品种。

公、母羊均无角，全身被毛白色，体型中等，体躯肌肉丰满，眼大突出，鼻镜、眼圈和蹄质为黑色。该品种适应性强，耐粗饲，具有瘦肉率高、胴体品质好等特点。该品种有较高的肉骨比、肉脂比和屠宰率，肌肉生长速度快，眼肌面积大，较其他肉羊品种高7%以上，是肉羊生产理想的终端父本。

特克塞尔羊成年公羊体重可达115~130千克，成年母羊体重75~80千克。3月龄羔羊体重可达34~40千克，胴体重17千克以上。产羔率为150%~160%，羔羊断奶前日增重341克，断奶后一个月公羔日增重282克、母羔236克。公羊常被用作终端杂交父本来改善肉品质。特克塞尔羊性情温顺，易于管理，适于放牧或舍饲。

6. 德国肉用美利奴羊　德国肉用美利奴羊原产于德国。公、母羊均无角，颈部及体躯皆无皱褶。体格大，胸深宽，背腰平直，肌肉丰满，后躯发育良好。被毛白色，密而长，弯曲明显。成年公羊体重为100~140千克，母羊体重70~80千克，羔羊生长发育快，日增重300~350克，130天即可屠宰，活重可达38~45千克。该品种早熟，羔羊生长发育快，产肉多，被毛品质好。公羊毛长9~11厘米，母羊毛长7~10厘米，母羊毛细度为64支，公羊为60~64支。公羊剪毛量为7~10千克，母羊为4~5千克。

德国肉用美利奴羊具有较高的繁殖能力，性早熟，12个月龄前就可第一次配种，产羔率为150%~250%。母羊保姆性好，泌乳性能好，羔羊死亡率低。

近年来我国由德国引入该品种羊，饲养在内蒙古自治区和黑龙江省等省区，与杂种羊和本地羊杂交，后代生长发育快，产肉性能好。

7. 南非肉用美利奴羊　南非肉用美利奴羊起源于闻名的德国肉用美利奴羊，1932年南非引入了德国肉用美利奴羊，1971年育成了南非肉用美利奴羊。南非肉用美利奴羊是肉毛兼用型品种，已被发展成为生产早期育肥羔羊专用品种。

南非肉用美利奴羊在生长报酬上是南非最成功的肉用品系。料肉比可达3.91∶1（羔羊育肥阶段），羔羊体重达25~42千克。成年母羊平均体重77千克，公羊127千克。平均产羔率达150%。在放牧条件下，羔羊100日龄体重平均达35千克。在集约化饲养条件下，公羔100日龄体重平均达56千克。母羊平均产毛量3.4~4.5千克，公羊4.5~6千克，中等强毛，相对于同样强度的美利奴羊毛弯曲度小，平均细度在22~23微米，无死毛。

南非肉用美利奴羊以母性好著称，能养育多胎且具有较高的断奶重及产奶量，使羔羊能在早期成熟前保持较高的体重而提早上市。这一品种有较高饲料报酬，能利用低质的粗饲料。

8. 边区莱斯特羊　边区莱斯特羊是19世纪中叶英国苏格兰地区用莱斯特羊与山地雪伏特母羊杂交培育而成，1860年为与莱斯特羊相区别，称为边区莱斯特羊，为著名毛肉兼用品种。

边区莱斯特羊体质结实，体型结构良好，体躯长，背宽平，公、母羊均无角，鼻梁隆起，两耳竖立，头部及四肢无羊毛覆盖。边区莱斯特羊成年公羊体重90~140千克，成年母羊体重为60~80千克；剪毛量成年公羊5~9千克，成年母羊3~5千克；净毛率65%~68%，毛长20~25厘米，细度44~48支，产羔率150%~200%。该品种幼年时期有很高的早熟性，4~5月龄羔羊的胴体重20~22千克。

从1966年起，我国曾几次从英国和澳大利亚引入，经过20多年的饲养实践，在四川、云南等省繁育效果比较好，而饲养在青海、内蒙古的则比较差。目前，该品种是正在培育中的西南半细毛羊新品种的主要父系之一，也是各省（区）进行羊肉生产杂交组合中重要的参与品种。

9. 波德代羊　波德代羊原产于新西兰。该品种适应性强，耐干旱，耐粗饲，羔羊成活率高。

波德代羊公羊和母羊均无角，耳朵直而平伸，脸部毛覆盖至两眼连线，四肢下部无被毛覆盖。背腰平直，肋骨开张良好，眼睑、额呈黑色。成年公羊平均体重90千克，成年母羊平均体重60~70千克，繁殖率平均140%~150%，最高可达180%。

2000年甘肃省首次引进波德代羊改良当地土种羊，效果显著，杂种一代初生重比当地土种羊提高2.5千克，1月龄和4月龄体重分别比当地羊提高10.87%和33.48%。4月龄断奶羊平均体重达16.59千克。

（四）国内肉用绵羊品种

我国有不少优良地方品种，其产肉性能并不亚于国外肉羊品种。肉用性能较好的绵羊品种有：小尾寒羊、大尾寒羊、同羊、阿勒泰羊等；肉用山羊品种有：南江黄羊、成都麻羊、马头山羊、雷州山羊、黄淮山羊、隆林山羊、成都麻羊、青山羊、陕南白山羊等。

1. 小尾寒羊　小尾寒羊原产于鲁豫苏皖四省交界地区，现主要分布在山东省菏泽地区的部分县市。20世纪80年代，各地对小尾寒羊实施本品种选育，使其生产性能大幅度提高，目前小尾寒羊是国内经济效益最好的品种，也是我国著名的肉羊良种。

小尾寒羊体型高大，耳大下垂，四肢细高，公羊体高达1米以上，其他品种羊多在70~80厘米。毛色呈白色。公羊有螺旋形大角，母羊多有镰刀状及姜牙状角，尾呈圆扇形，尾长不过飞节，尾端有一条纵沟，尾尖向上翻。该羊生长发育快，周岁公羊体重80~110千克，母羊体重60~70千克，公羊体重最大可达182千克，母羊体重最大可达95千克，其体重之大、体格之大在国内外属罕见。小尾寒羊性成熟早，母羊5月龄即可发情，6月龄可进行配种，公羊在8月龄可配种利用。小尾寒羊四季发情，常年可配种，可做到1年2产或2年3产，产羔多，除个别初产母羊产单羔外，大多数母羊产3~4只羔羊，多者5~7只羔羊，繁殖率265%。该品种适应性和抗逆力强，在我国东北及内蒙古、新疆、青海等地，均表现良好，有的地方引种羊比原产地性能更佳。从引种数量上来看，也足以证实小尾寒羊具有广泛的适应性和抗逆力。小尾寒羊也有一定的缺陷，如前胸不够发达，后躯不够丰满，如果用国外优秀肉用品种与小尾寒羊杂交，将大大改善小尾寒羊的肉用体型，增加羊肉产量。

小尾寒羊属于肉毛兼用型的地方优良品种，生长快，个体高大，适应性强，耐粗饲，好饲养，放养或圈养都适应，免疫能力特强，适宜在平原农区和浅山丘陵地区饲养。

2. 大尾寒羊　大尾寒羊属大脂尾羊，为农区绵羊品种。主要分布在山东省聊城的部分县区，外貌特征头略显长，耳大下垂，公母羊均无角，被毛大部为白色，少量个体头部有杂色斑点。由于尾大、长，有的可下垂到地面，故称大尾寒羊，具有被毛同质性好、羔皮轻薄、肉质好、繁殖力强的特性。性情温顺，前躯发育较差，后躯比前驱高，四肢粗壮。体重：成年公羊平均72千克，母羊52千克。羊毛品质：由细毛、两型毛及极少量粗毛组成。剪毛量：公羊为3.8千克，母羊为2.7千克。毛长按春季测定，公羊平均为10.4厘米，母羊为10厘米。被毛纤维类型重量比，细毛和两型毛约占95%，粗毛约占5%。毛细度：肩部为26微米，体侧为32微米。净毛率为45%。生产的羔皮洁白，有花穗结构，毛股有6～8个弯曲。屠宰率：成年羊为62%～69%，一岁羊为55%～64%。成年母羊的尾脂重一般为10.5千克左右，产羔率为190%。

该羊早期生长发育快，具有屠宰率高、净肉多、尾脂多等特点，母羊繁殖力与小尾寒羊相比不是太高，双羔多见，多羔少见。它的肉用体型也不明显，有待进一步提高。

3. 同羊　同羊也叫同州羊，产于陕西省的渭南和咸阳地区。体质结实，体躯侧视呈长方形。公羊体重60~65千克，母羊体重40~46千克。头颈较长，鼻梁微隆，耳中等大。公羊具小弯角，角尖稍向外撇，母羊约半数有小角或栗状角。前躯稍窄，中躯较长，后躯较发达，四肢坚实而较高。尾大如扇，有大量脂肪沉积，以方形尾和圆形尾多见，另有三角尾、小圆尾等，尾沟均不明显，尾尖上翘或微下垂。全身主要部位毛色纯白，部分个体眼圈、耳、鼻端、嘴端及面部有杂色斑点或少量杂色毛，面部和四肢下部为刺毛覆盖，腹部多为异质粗毛和少量刺毛覆盖。基本为全年发情，仅在酷热和严寒时短期内不发情。性成熟期较早，母羊5～6月龄即可发情配种，公羊8月龄即可配种利用。发情持续期24～60小时，怀孕期145～150天，平均产羔率190%以上。每年产2胎，或2年产3胎。同羊属多胎高产类型，易饲养，生长快，肉质好，毛皮优，效益高。屠宰率为50%。羊毛品质相对较好，全年剪毛量1.3~1.6千克。

陕西关中和渭北地区久负盛誉的羊肉泡馍和腊羊肉等肉食，素以“同羊”肉为上选。所产优质半细毛又是我国毛纺工业急需的毛纺原料。同羊将优质半细毛、羊肉、脂尾和珍贵的毛皮集于一身，这不仅在我国，就是在世界上也是稀有的绵羊品种，堪称世界绵羊品种资源中非常宝贵的基因库之一。

4. 多浪羊　多浪羊是新疆的一个优良肉脂兼用型绵羊品种，主要分布在塔克拉玛干大沙漠的西南边缘，叶尔羌河流域的麦盖提、巴楚、岳普湖、莎车等县。

多浪羊头稍长，鼻梁隆起，耳大下垂，眼大有神。公羊无角或有小角，母羊无角，颈窄而细长，胸宽深，肩宽，肋骨拱圆，背腰平直，躯干长，后躯肌肉发达，尾大不下垂，尾沟深。四肢高而有力，体质结实。初生羔羊全身多为褐色或棕黄色，少数为黑色，个别呈白色。第一次剪毛后，体躯毛色多变为灰白色或白色，但头、耳和四肢仍保持初生时毛色，而且终生不变。

多浪羊生长发育快，体格硕大，饲养方式以舍饲为主，辅以放牧。成年公羊体重105.85千克，成年母羊体重58.75千克。肉用性能好，周岁公羊胴体重32.71千克，屠宰率56.1%，胴体净肉率63.9%；母羊相应指标分别为23.64千克、54.82%和40.56%。

该羊早熟，初配年龄一般为8月龄，在舍饲条件下常年发情，繁殖性能好，大部分母羊2年3产，饲养条件好的1年2产，双羔率达50%~60%，3羔率5%~12%，有时产4羔；80%以上的母羊保持多胎性，产羔率200%以上。肉用体型还不十分理想，应加强本品种选育，必要时引入外血，以改善其肉用体型，并向现代标准化肉羊生产方向发展。

5. 阿勒泰羊　阿勒泰羊属肉、脂兼用粗毛羊。主产于新疆维吾尔自治区的阿勒泰地区，生长发育快，适于肥羔生产。4月龄公羔平均体重为38.9千克，母羔为36.7千克；1.5岁公羊体重为70千克，母羊为55千克；成年公羊平均体重为92.98千克，母羊为67.56千克。成年羯羊的屠宰率52.88%，胴体重平均为39.5千克，脂臀占胴体重的17.97%。产羔率110.3%。阿勒泰羊春、秋各剪毛一次，剪毛量平均成年公羊为2千克，母羊为1.5千克。当年生羔羊为0.4千克。阿勒泰羊毛质较差，羊毛主要用于擀毡。

阿勒泰羊羔羊生长发育快，产肉能力强，适应终年放牧条件。夏季放牧于阿勒泰山的中山带，海拔1 500~2 500米，春秋季牧场位于海拔800~1 000米的前山带及600~700米的山前平原，冬季牧场主要在河谷低地和沙丘地带。

该羊具有早熟、易肥、耐粗饲等优点，但产羔较少，大部分产单羔，产肉量不多，用国外良种肉羊与其进行杂交，开展肥羔生产是我国地方绵羊品种发展的方向。

6. 乌珠穆沁羊　乌珠穆沁羊产于内蒙古自治区锡林郭勒盟东部乌珠穆沁草原，主要分布在东乌珠穆沁旗和西乌珠穆沁旗，以及毗邻的锡林浩特市、阿巴嘎旗部分地区。乌珠穆沁羊属肉脂兼用短脂尾粗毛羊，以体大、尾大、肉脂多、羔羊生产发育快而著称。

乌珠穆沁羊体质结实，体格大。头中等大小，额稍宽，鼻梁微隆起。公羊大多无角，少数有角，母羊多无角。胸宽深，肋骨开张良好，胸深接近体高的1/2，背腰宽平，后躯发育良好。肌肉丰满，结构匀称。四肢粗壮，有小脂尾。毛色以黑头羊较多，约占6.2%，全身白色者约占10%，体躯花色者约占11%。

乌珠穆沁羊的饲养管理极为粗放，终年放牧，不补饲，只是在雪大不能放牧时稍加补草。乌珠穆沁羊生长发育较快，2.5~3月龄公、母羔羊平均体重为29.5千克和24.9千克；6个月龄的公、母羔平均达40千克和36千克；成年公羊60~70千克，成年母羊56~62千克，平均胴体重17.90千克，屠宰率50%，平均净肉重11.80千克，净肉率为33%。乌珠穆沁羊肉水分含量低，富含钙、铁、磷等矿物质，肌纤维和肌纤维间脂肪沉淀充分，产羔率仅为100%。

乌珠穆沁羊适于终年放牧饲养，具有增膘快、蓄积脂肪能力强、产肉率高、性成熟早等特性，适于利用牧草生长旺期，开展放牧育肥或有计划的肥羔生产。

7. 湖羊　湖羊主要产于浙江省北部、江苏省南部的太湖流域。湖羊以初生羔羊美观的水波状花纹而著名，是我国特有的羔皮用地方绵羊品种。

湖羊被毛白色，少数羊的眼睑或四肢下端有黑色或黄褐色斑点，初生羔羊被毛呈水波状花纹。头形狭长，耳大而下垂，鼻梁隆起，公母羊均无角。颈、躯干和四肢细长，肩、胸不够发达，背腰平直，后躯略高，尾呈扁圆形，尾尖上翘偏向一侧。周岁公羊平均体重为35千克，母羊为26千克；成年公羊体重为52千克，母羊为39千克。产肉性能，公羊宰前活重38.84千克，胴体重为16.9千克，屠宰率为48.51%；母羊宰前活重40.68千克，胴体重为20.68千克，屠宰率49.41%。肉质细嫩鲜美，无膻味。该羊具有繁殖力强，性成熟早，四季发情，母羊母性强、泌乳性能好，产羔率245%以上。

二、山羊品种

（一）肉用山羊的外貌特征

山羊体型紧凑，轮廓清晰，棱角分明，大多数品种有胡须，山羊的角基距离窄，角的断面呈三角形，额部隆起，鼻梁平直，头较短，尾巴大都短小上翘，体高和体长基本相近，体形侧视近似正方形。山羊皮脂腺发达，具有膻味，尤以公羊最强，被毛较稀疏和粗硬，光泽强。山羊的头盖骨较厚，颈椎骨和第一趾骨较长，山羊无眼下腺、趾间腺和鼠蹊腺，山羊的体脂肪主要沉积在腹腔和内脏器官周围，而绵羊沉积在皮下、尾部和肌肉层中。对肉用山羊要求主要是体格结实，胸深而宽广，肋骨拱起，背宽而直，尻部宽平而长，骨骼结实，四肢端正，体躯深长，皮肤结实有弹性，被毛整齐有光泽，生殖器官发育正常。山羊体型外貌与生产性能的高低是评定肉用山羊和其他山羊优劣的主要指标之一。

(二) 肉用山羊的主要生物学特性

1. 适应性强　温带、热带和北极均有山羊分布。山羊不仅能忍耐干旱和缺水，而且也能忍耐炎热和高温。

2. 繁殖力强　山羊繁殖力强，主要表现在早熟、多胎多产。5~6月龄性成熟，可全年繁殖，一般1年2产或2年3产，一胎多为双羔、3羔，甚至4~6羔，个别达到7~8羔。

3. 喜欢清洁干燥　山羊要求清洁和新鲜的饲料和饮水，往往拒食有异味、怪味的饲料和饮水。喜欢干燥和通风的圈舍和放牧地。

4. 饲料利用率高　山羊对饲料的利用能力非常强，对粗纤维的消化能力要比绵羊和牛高。

5. 合群性强，容易管理　外出放牧、运动、运输、行走等过程中，只要“领头羊”先行，其他立即紧跟其后，给管理带来诸多方便，可节省劳力。

(三) 引进的国外山羊——波(布)尔山羊

波(布)尔山羊是唯一能与优良肉用绵羊品种相媲美的肉用山羊品种。该品种原产于南非，具有肉用性能好，耐粗饲，性情温顺，生长快，繁殖率高，适应性强等优点，是目前国内外饲养经济效益最好的肉山羊品种。

改良波(布)尔山羊群有3个类型，即短毛、白色有褐斑普通山羊，长毛大型山羊和带有奶山羊血液的呈多种毛色的五角类型山羊。波(布)尔山羊育成史未见详细报道。20世纪20年代起,南非东好望角的农民在进行肉山羊结构改良的基础上选择了该品种。1959年成立了改良的波(布)尔山羊品种协会,进而加速了该品种的选育进程。

波(布)尔山羊毛色为白色,头颈为红褐色,额端到唇端有一条白色毛带;耳宽下垂,被毛短而稀;头部粗壮,眼大、棕色;口颚结构良好;额部突出,曲线与鼻和角的弯曲相应,鼻呈鹰钩状;公母羊均有角,角坚实,长度中等,公羊角基粗大,向后、向外弯曲,母羊角细而直立;有鬃;耳长而大,宽阔下垂。颈粗壮,长度适中,且与体长相称;肩宽肉厚,胸深而宽,颈胸结合良好。前躯发达,肌肉丰满;体躯宽阔;肋骨开张与腰部相称,背部宽阔而平直;腹部紧凑;尻部宽而长,臀部和腿部肌肉丰满;尾平直,尾根粗、上翘。四肢端正,短而粗壮,系部关节坚韧,蹄壳坚实,呈黑色;前肢长度适中、匀称。全身皮肤松软,颈部和胸部有明显的皱褶,尤以公羊为甚。眼睑和无毛部分有色斑。全身毛细而短,有光泽,有少毛。头颈部和耳为棕红色。

波(布)尔山羊性成熟早,四季发情,繁殖力强,一般2年可产3胎。一胎2~4羔,羔羊生长发育快,有良好的生长率和高产肉能力,采食力强,是目前世界上最受欢迎的肉用山羊品种。母、公羊平均体重分别是65~75千克和90~150千克。羊肉脂肪含量适中,胴体品质好。体重平均41千克的羊,屠宰率为52.4%,羔羊胴体平均重为15.6千克。

我国于1995年引入25只,分别饲养于陕西、江苏两省。以后引进约5 000只,分布在陕西、河南、四川、山东、江苏、安徽、江西、云南、北京等20多个省市,显示出很好的肉用特征、广泛的适应性、较高的经济价值和显著的杂交优势。陕西省于1996年开展杂交收良。6

月龄波（布）尔山羊杂种一代体重30千克，母羊25千克，分别比本地山羊提高45%~60%，同时杂种一代羊对当地生态环境表现出很强的适应性，主要表现在耐粗饲，抗逆性好。

（四）国内山羊

1. 南江黄羊　南江黄羊原产于四川省南江县，是在四川大巴山区培育成的一个优良肉用山羊，具有生长发育快，四季发情，繁殖力高，泌乳力好，抗病能力强，耐粗饲，适应能力强，产肉力高及板皮质量好等特性。

南江黄羊躯干被毛呈黄褐色，面部毛色较深，呈黄黑色，鼻梁两侧有一对黄白色条纹，从头顶枕部沿脊背至尾根有一条宽窄不一的黑色条带。公羊前胸、颈下毛色黑黄，较粗较长，四肢末端生有黑色粗长毛。公母羊均有胡须。头大小适中，耳大且长，耳尖微垂，鼻梁微拱。公母羊分有角、无角两种类型，其中有角的占61.5%，无角的占38.5%，角向上、向后、向外呈“八字形”，公羊角多呈弓状弯曲。公羊面部丰满、颈粗短，母羊额面清秀、颈细长。公母羊整个身躯近似圆筒形，颈肩结合良好，背腰平直，前胸宽阔，尻部略斜，四肢粗壮，蹄质坚实、呈黑黄色，成年公羊体高74.7厘米，体重59.3千克，最高76.0千克。成年母羊体高66.6厘米，体重44.7千克，最高67.0千克。初生公羔2.3千克，母羔2.1千克，双月断奶公羔11.5千克，母羔10.7千克。哺乳期公羔日增重154克，母羔143克。周岁公羊体重占成年的55.5%，周岁母羊占成年的64.5%，产肉性能好。6月龄公羔宰前体重19.0千克，羯羔21.0千克以上。在放牧条件下，6月龄屠宰率47.01%，净肉率73.03%；8月龄屠宰率47.89%，净肉率73.50%；周岁屠宰率49.00%，净肉率73.95%。南江黄羊板皮质地良好，细致结实，抗张强度高，延伸率大，尤以6~12月龄皮张为佳，厚薄均匀，富有弹性，主要成革性能指标均能达到部颁标准。

母羊产羔率207.8%，母羊常年发情并可配种受孕，8月龄可初配，母羊可年产两胎，双羔率70%以上，多羔率13.5%，经产母羊产羔率207.8%，全群胎平均产羔率195.3%。

2. 黄淮山羊　黄淮山羊分布于黄河、淮河流域的河南、安徽和江苏二省交界处。在河南分布于周口、驻马店、信阳、开封等地区，在安徽分布于阜阳、宿县、六安、合肥等地区，在江苏分布于徐州等地。具有数量多，耐粗饲，抗病力强，性成熟早，繁殖率高，产肉性能好，板皮品质优良等特性。

被毛为白色，粗毛短、直且稀少，绒毛少。分有角和无角两种类型，公羊角粗大，母羊角细长，呈镰刀状向上后方伸展。头偏重，鼻梁平直，面部微凹，公母羊均有须。体躯较短，胸较深，背腰平直，肋骨开张呈圆筒状，结构匀称，尻部微斜，尾粗短上翘，蹄质坚实。母羊乳房发育良好，呈半球状。

肉质好，瘦肉率高。羔羊初生重平均为1.86千克；2月龄断奶重平均6.84千克；3~4月龄屠宰体重7.5~12.5千克，屠宰率可达60%；7~8月龄羯羊活重16.65~17.40千克，屠宰率48.05%，净肉率39%左右；成年羯羊宰前活重平均为26.32千克，屠宰率48.79%~51.93%；成年公羊体重为33.9~37.1千克，成年母羊为22.7~26.6千克。板皮致密，毛孔细小，不易破碎，拉力强而柔软，韧性大，弹力好，是优质制革原料。

性成熟早。母羔出生后40~60天即可发情，4~5月龄配种，9~10月龄可产第一胎。妊娠期145~150天，母羊产后20~40天发情，一年可产两胎。母羊全年发情，以春秋季旺盛，发情周期15~21天，持续期1~2天，产羔率227%~239%。

3. 马头山羊　马头山羊是我国著名的肉用山羊品种。主要分布于湖南省石门县，张家界市的慈利县、桑植县，怀化地区的正江，湖北省的十堰市。群众长期以来根据对肉食的需要，不断从土种羊中选择个体大、生长快、性情温顺的无角山羊定向培育而成。以屠宰率和净肉率高、肉质好、繁殖力强而著称。产区属亚热带气候。

马头山羊一般体格较大，公、母羊均无角，部分羊有退化的角痕。头大小适中，形似马头，两耳向前略下垂，少数羊颈下有一对肉垂。公羊颈粗短，母羊颈细长，胸部发达，体躯呈长方形，后躯发育良好。被毛短，以白色为主，也有黑色、麻色和杂色。成年公羊体重44千克，体高60厘米；成年母羊体重34千克，体高54厘米。周岁公、母羊体重分别为25千克和23千克。羔羊育肥效果好，板皮质地柔软，韧性强，幅面大，油性大，早熟，母羔4~8月龄初次发情，10月龄以后配种，四季发情，一般2年产3胎，也可1年产2胎，平均产羔率为200%左右。马头山羊已被浙江、贵州、广西等省、自治区引进。羊肉出口到伊拉克、叙利亚等国家，在国际市场上享有较好的声誉。

4. 雷州山羊　雷州山羊分布于雷州半岛和海南省。成熟早，生长发育快，肉质和板皮品质好，繁殖率高，是我国热带地区的优良山羊品种。公母羊均有角，公羊角粗大，向后上方伸展，并向两侧开张，耳中等大，向两侧竖立开张，颌下部有髯。背腰平直，臀部倾斜，胸稍窄，腹大，乳房发育较好呈球形。被毛黑色，少数为麻色及褐色。

体重平均6个月龄公羔为15.4千克，母羔为13.1千克；周岁公羊为31.7千克，母羊为28.6千克。6月龄阉羊体重21.68千克，屠宰率48.99%；周岁阉羊体重可达36.45千克，屠宰率55.90%，出肉率43.79%。其肌肉发达，肌肉纤维细致，肉色鲜红，膻味较轻，肉质鲜嫩。2岁公羊为50千克，母羊为43千克；羯羊为48千克。板皮品质良好，张幅大。其板皮厚薄适中，拉力弹性优于我国成都麻羊及南江黄羊等。另外，一张皮可烫退粗毛0.3~0.5千克，毛洁白、均匀，是制毛笔、毛刷的上等原料。性成熟早，5～8月龄配种，有部分羊1岁龄即可产羔。多数母羊1年2产，少数2年3产，产羔率150%～200%。

5. 成都麻羊　成都麻羊分布于四川成都平原及其附近丘陵地区，目前引入到河南、湖南等省，是南方亚热带湿润山地丘陵补饲山羊，为肉乳兼用型。成都麻羊具有生长发育快、早熟、繁殖力强、适应性强、耐湿热、耐粗放饲养、遗传性能稳定等特性，尤以肉质细嫩、味道鲜美、无膻味及板皮面积大、质地优为显著特点。

公羊有长毛，母羊毛较短，全身深褐色，腹下浅褐色。两颊各有一条浅灰色条纹，具黑色背脊线。鬐甲有黑色毛带，沿肩胛两侧向下延伸，与背线黑色毛带相交成十字形，又因其毛色呈紫铜色也称为“四川铜羊”。公母羊大多数都有胡须和角，头中等大小，两耳侧伸，额宽微突，鼻梁平直。骨架大，躯干丰满，呈长方形，颈细长，胸部发达，背腰宽平；公羊前躯发达，母羊体型清秀，后躯广深，乳房呈球形，颈长短适中，背腰宽平。四肢粗壮，蹄质坚实呈黑色。肩部亦具黑纹沿肩胛两侧下伸。四肢及腹部毛长。

12月龄公羊体重为26.79千克，母羊为23.14千克；成年公羊体重42千克左右，成年母羊36千克左右；周岁羊净体重12.15千克，屠宰率49.66%，净肉率75.8%；成年羯羊体重20.54千克，屠宰率54.34%，净肉率79.1%。泌乳期一般为5~8个月，一个泌乳期产奶150~250千克。乳脂率6.8%。皮板品质好，细致紧密，拉力强，质地柔软耐磨，是一般皮革制品和航空汽油过滤革的上等原料，在国际市场很受欢迎。

4～5月龄性成熟，12～14月龄初配，常年发情，每年产2胎，妊娠期142～145天，1年产2胎或2年产3胎。产双羔的占2/3，产羔率在200%以上。

6. 青山羊　青山羊产于山东省的菏泽、济宁地区，在安徽、河南两省也有少量分布。目前，已经推广至全国各地。被毛为由黑、白二色混生构成的青色，前膝为青黑色，故有“四青一黑”的特征。根据被毛中黑、白二色毛的比例不同，可分为正青色、粉青色和铁青色3种。青山羊头短小，额宽而凸。公母羊都有角、胡须，角向后上方张开；颈部细长，背腰平直，尻部微斜，胸宽适中，肋骨开张良好，腹部较大，四肢短而结实，体型略呈方形。

青山羊是我国山羊中体格较小的一种，羔羊初生体重较小，平均公羔1.41千克，母羔1.30千克；成年公羊体重25.7千克，母羊体重20.9千克。屠宰率平均40.48%，羯羊屠宰率为46.45%。在出生3天后屠宰的羔皮称为青猾子皮，毛细短、紧密适中，大部分羔羊后躯有明显的花纹。

繁殖力强，在良好的饲养条件下，羔羊40~60日龄即可初次发情，4月龄可以初次配种，1岁以前即可繁殖第一胎。初产母羊产羔率为203.6%，3~4岁时产羔率可达300%以上。怀孕期146天左右，产后20~40天再发情，一般年产两胎。

7. 陕南白山羊　陕南白山羊产于陕西省安康、汉中及商洛地区。鼻梁平直，颈短而宽厚，胸部发达，肋骨拱张良好，背腰平直，四肢粗壮，尾短上翘。被毛以白色为主，少数为黑色、褐色及杂色。分短毛和长毛两个类型。两类型羊中又分有角和无角。该羊成年公羊体重平均为33千克，母羊为27千克。6月龄羯羔平均体重为22.17千克，屠宰率45.56%；1.5岁龄的羯羊宰前平均体重为35.27千克，屠宰率50.58%。早熟，一年四季发情，主要集中在5~10月。一般年产2羔，初产羊多产单羔，经产羊多产双羔，约有10%的母羊产3羔，平均产羔率为259%。陕南白山羊具有早熟，抓膘能力强，产肉性能好，肉质细嫩，板皮幅面大、致密、拉力强的优点。

8. 隆林山羊　隆林山羊是人工长期选择培育而形成的地方肉

用山羊品种。该品种主产于广西隆林县，广泛分布于广西西北部山区。隆林山羊体格健壮，结构匀称，公、母羊均有角，肋骨开张良好，体躯近似长方形，肌肉丰满，四肢粗壮。被毛较杂，有白色、黑花色、褐色和黑色等，特别是腹下和四肢上部毛粗而长。

羔羊生长发育较快，初生重平均为2.19千克，6月龄公羔体重达21.0千克，母羔为17.06千克。成年公羊平均体重为57千克，成年母羊为44.7千克，肌肉丰满，胴体脂肪分布均匀，肉质细嫩，膻味小。8月龄公、母羊屠宰率分别为48.68%和46.13%，成年公、母羊屠宰率分别为53.37%和46.64%，羯羊为57.85%。母羊全年发情，一般2年产3胎，每胎多产双羔，平均产羔率为195%。

除上述品种外，产肉性能较好的地方良种还有新疆山羊、西藏山羊、合川白山羊、子午岭山羊、长江三角洲白山羊、太行山羊、龙陵山羊、广西山羊、戴云山羊、板角山羊等。对这些山羊品种应进一步加强选育，提纯复壮，加强饲养管理，提高营养水平，进一步提高产肉性能。

第二节　肉羊纯种繁育

纯种繁育是指同一品种内公、母羊之间的繁殖和选育过程。当品种经长期选育，已具有不少优良特性，并已完全符合国民经济发展需要时，即应采用纯种繁育技术。其目的是增加品种内羊只数量，实现高生产性能、高产品品质、高经济效益。

一、绵、山羊选种与选配

(一) 羊选种的基本方法

品种选择就是通过对种羊的综合评定，用具有高生产性能和优良育种品质的个体来补充羊群，再结合对不良个体的严格淘汰，以达到不断改善和提高羊群品质、实现养羊的较高经济效益的目的。

羊品种选择的方法较多，广大养羊户常用的方法就是先看祖先，再看本身，最后看后代。绵、山羊选种的主要对象是种公羊，选择的主要性状多为有重要经济价值的数量性状和质量性状，如肉用羊的初生重、断奶重、日增重等。

1. 系谱鉴定　系谱是一只羊祖先情况的记载，借助系谱可以了解被选个体的育种价值，过去的亲缘关系和祖代对后代在遗传上影响的程度。系谱鉴定就是分析各代祖先的生长发育、健康状况以及生产性能来确定羊的种用价值。因此，选择种羊时，首先要查看被选羊的祖代资料。特别是挑选幼龄种羊时，应以系谱作为选种依据，一般要查看至少三代资料。

2. 个体鉴定　对候选羊的表现进行评定，主要依据本身的生产性能，如肉用羊的日增重、胴体重、屠宰率等，同时也要考虑其他指标，如生长发育快慢、品种特征是否明显、体质是否健康和健壮、外形长得好不好等。

3. 后裔鉴定　根据后代的品质来选择种羊。通过对后代品质的综合评定，判断种羊的种用价值。这是所有选种方法中最准确的一种，多用于优良公羊的选择。如果被选个体的后代优秀，则说明被选品种种用价值高，缺点是需要较长时间的观察。

选种时要注意不能片面追求生产性能或某些性状指标，要考虑羊的体质、性状的相关性。用优秀公羊配优秀母羊，公羊的品质和生产性能高于母羊，最好经过后裔测验，在遗传性未经证实之前，可依照羊体型外貌和生产性能进行选配。

4. 同胞鉴定　通过同胞的成绩来选择种羊，该法是利用同胞的表型资料来估算被选个体的种用价值。

（二）鉴定选种的主要内容

1. 体型外貌　不同生产目的的绵羊、山羊品种，具有与其生产目的相适应的体型和外貌特点。肉用羊的体型外貌特点一般是：颈粗短，颈肩结合良好，肋骨开张良好，前胸宽深，背腰平直，后躯发育良好，肌肉丰满，四肢端正，整个体躯呈长方形。

2. 生长发育　专门化肉用绵羊或山羊品种与毛用、乳用或兼用品种相比，一般具有生长发育快、屠宰率和净肉率高等特点。如波（布）尔山羊初生公母羔平均体重3~4千克；100日龄公羊重30千克，母羊29千克；成年公羊体重80~100千克，母羊60~75千克。270日龄以前平均日增重200克以上。周岁以上羊屠宰率50%~55%。

3. 繁殖性能　为了获得较高的经济效益，应该注意所选择种羊的繁殖性能，即应选择高繁殖力的品种作为种羊。一般肉羊品种大多具有高繁殖力。

（三）种羊引进的方法

为使引进种羊取得成功，尤其是从外地引进种羊时必须做到如下几点。

（1）要有技术人员到引种地做好实地调查，根据自己的生产方向慎重地选择个体，搞清血缘关系。购入的种羊相互间应没有亲缘关系。同时要考察引入种羊的亲代有无遗传缺陷，并应带回种羊的系谱卡片保存备用。

（2）引种时要了解拟引入羊品种的特点及其适应性和所在地区的气候、饲料、饲养管理条件，以便确定引种后的风土驯化措施。

（3）应妥善安排调运季节。引入种羊在生活环境上的变化不能过大，让种羊有一个逐步适应的过程，在确定引入种羊调运时间时要注意原产地与引入地季节差异。根据我国气候特点，一般秋季运输种羊较好。

（4）要严格执行动物卫生防疫制度，切实加强种羊的检疫。种羊引入后隔离观察1个月，防止疫病传入。

（5）要加强饲养管理和适应性锻炼。引种第一年是关键性的一年，应加强饲养管理，做好引入种羊的接运工作，并根据原来的饲养习惯，创造最佳的饲养管理条件，选用适宜的日粮类型和饲养方法。在迁运过程中为防止水土不服，应携带原产地饲料供途中或到达目的地时使用。根据引进种羊对环境的要求，采取必要的降温或防寒措施。

（6）引入的良种羊必须科学饲养，才易成功。在不具备引种知识和技术的地方，应先养些地方品种，取得经验后，再引入良种。提倡因地制宜，因条件制宜，以确定最适引入品种。

（四）选配的方法

1. 品质选配　又叫表型选配。包括同质选配和异质选配。

（1）同质选配是指具有相同生产性能和优点的公母羊进行交配，即以优配优。同质选配能使后代保持和发展原有的优点，使优良遗传性状趋于稳定。过于强调同质选配，易造成单方面的过度发育，致使后代体质变弱，生活力降低。

（2）异质选配是指选择具有不同优点的公母羊进行交配，目的是使后代结合双亲的优点。

2. 亲缘选配　是指具有一定血缘关系的公母羊之间的交配，其作用在于固定优良性状，保持优良血统。但近交通常伴有后代生活力下降，因此，采用亲缘选配时应特别慎重，切忌滥用。

二、品系繁育

品系是品种内具有共同特点、彼此有亲缘关系的个体所组成的遗传性稳定的群体。它是品种内部的结构单位，通常一个品种至少应当有4个以上的品系，才能保证品种整体质量的不断提高。品系繁育一般只应用于优秀的纯种羊群或育种核心羊群，它是提高羊群质量的重要途径。它的特点是后代尽可能与系谱中某一祖先的血缘关系靠近，以集中并保持这一祖先某些突出的遗传性状。然后通过品系间杂交把这几个性状结合起来。品系繁育包括优秀种公羊的选择、品系基础群组建、闭锁繁育品系形成和品系间杂交4个阶段。

（一）优秀种公羊作为系祖

系祖的选择与创造是建立品系最重要的一步。系祖应是羊群中最优秀的个体，不但生产性能要达到品种的一定水平，而且必须具有独特的优点。理想型系祖主要是通过有计划、有意识地选种选配，加强定向培育等产生。凡准备选作系祖的公羊，经过本身性能、系谱审查以及后裔测验，证明能将本身优良特性遗传给后代的种公羊，才可作为系祖使用。

（二）品系基础群组建阶段

根据羊群的现状、特点和育种工作的需要，确定要建立哪些品系，然后根据要组建的品系来组建基础群。通常采用以下两种方式组建品系基础群。

1. 按血缘关系组群　首先分析羊群的系谱资料，查明各配种公羊及其后代的主要特点，将具有拟建品系突出特点的公羊及其后代挑选出来，组成基础群，按血缘关系组群效果好。

2. 按表型特征组群　该方法不需考虑血缘关系，是将具有拟建品系所要求的相同表型特征的羊只挑选出来组建为基础群。由于绵羊经济性状的遗传力大多较高，故在绵羊育种和生产实践中，在进行品系繁育时，常根据表型特征组建基础群。

（三）闭锁繁育品系形成阶段

品系基础群组建起来以后，不能再从群外引入公羊，而只能进行群内公母羊的自群繁殖，即将基础群封闭起来进行繁育。目的是通过这一阶段的繁育，使品系基础群所具备的品系特点得到进一步的巩固和发展，从而达到品系的逐步完善成熟。在实施这一阶段的繁育工作时要坚持以下原则。

1. 选择和培育系祖　按血缘关系组建的品系基础群，要尽量扩大群内品系性状特点，突出其遗传性稳定的优秀公羊，并注意从该公羊的后代中选择和培育系祖的继承者。按表型特征组建的品系基础群，从一开始就要通过后裔测定的办法，注意发现和培养系祖。系祖一旦被认定，则要尽早扩大其利用率。

2. 淘汰不合格个体　要坚持不断地进行选择和淘汰，特别是要注意将不符合品系要求的个体从品系群中淘汰出去。

3. 实行有计划的近亲繁殖　为了巩固品系优良特性，使基因纯合，近亲繁育在此阶段不可缺少，但要实行有目的、有计划的人工控制近亲繁殖方法。开始时可采用嫡亲交配，以后逐代疏远，或者连续采用2~4代近亲或中亲交配，最后控制近交系数不超过20%为宜。

4. 实行群体选配　由于品系基础群的个体基本上是同质的，因此采用群体选配办法，不必用个体选配，但优秀的公羊应该多配一些母羊。

5. 控制近交程度　闭锁繁育阶段是采用随机交配的办法，应利用控制公羊数来掌握近交程度。

（四）品系间杂交阶段

当品系完善成熟以后，可按育种需要组织品系间的杂交，目的在于结合不同品系的优点，使品种质量得以提高。由于这时的品系都是经过较长期同质选配和近交的，遗传性比较稳定，所以品系间杂交的目的一般容易达到。在进行品系间杂交后，应根据杂交后羊群的新特点和育种工作的需要，再着手创建新的品系。这样周而复始，不断提高品种水平。

（五）血液更新

血液更新指是从外地引入同品种的优秀公羊来替换原羊群中所使用的公羊。当出现下列情况时应采用此法：当羊群小，长期闭锁繁殖，已出现由于亲缘繁殖而产生近交危害的；当羊群的整体生产性能达到一定水平，性状选择差别小，靠自群的公羊难以再提高的；当羊群引入到一个新的环境，经数年繁育后，在生产性能或体质外形等方面出现某些退化的。

三、本品种选育

本品种选育是地方优良品种的一种繁育方式。它是通过品种内的选择、淘汰，加之合理的选配和科学的培育等手段，以达到提高品种整体质量的目的。

（一）摸清品种现状

全面调查品种分布的区域及自然生态条件，品种内羊只数量的区域分布及质量分布的特点，羊群饲养管理和生产经营特点以及存在的主要问题等。

（二）制定科学的鉴定方法和鉴定分级标准

选育工作应以品种的典型产区（即中心产区）为基地，以被选品种的代表性产品为基点，品种的代表性产品应具备特殊的经济性状和品种标识。

（三）拟订选育方案，严格按品种标准选育

分阶段地（一般以5年为一个阶段）制定科学合理的选育目标和

任务。然后根据不同阶段的选育目标和任务拟订切实可行的选育方案。其基本内容包括：种羊选择条件和选留方法、羔羊培育方法、羊群饲养管理制度、生产经营制度以及选育区内地区间的协作办法、种羊调剂办法等。

（四）组建核心群或核心场

为了加速选育进展和提高选育效果，对进行本品种选育的地方良种，都应组建选育核心群或核心场。组建核心群（场）的数量和规模，要根据品种现状和选育工作需要来定。选入核心群（场）的羊只必须是该品种中优秀的个体。核心群（场）的基本任务是为本品种选育工作培育和提供优质种羊，主要是种公羊。与此同时，在选育区内要严格淘汰劣质种羊，杜绝不合格的公羊继续作种用。一旦发现特别优秀并证明遗传性很稳定的种公羊，应采用人工授精等繁殖技术，尽可能地扩大其利用率。

（五）成立品种协会

成立品种协会可充分调动品种产区群众积极参与选育工作，其任务是组织和辅导选育工作，负责品种良种登记，并通过组织赛羊会、产品展览会、交易会等形式，引入市场竞争机制，搞活良种羊产品流通，这对推动本品种选育工作具有极为重要的实际意义。

第三节　肉羊杂交优势利用技术

一、杂交模式选择

通过品种间或不同种间的杂交繁殖，以达到肉羊品种改良的目的叫杂交改良。在绵羊杂交改良工作中常用的杂交方法有以下几种。

（一）级进杂交

级进杂交就是两个品种进行杂交后，以后各代所产的杂种母羊继续用改良公羊交配，到3~5代其杂种后代的生产性能基本上与改良品种相似。当一个品种生产性能很低，又无特殊经济价值，需要从根本上改良，可应用另一改良品种与其进行级进杂交。在进行级进杂交时，需要在杂交后代中保留改良品种的一些特性。例如，对当地生态环境的适应性、抗病力以及某些品种的高繁殖力特点等。因此，级进杂交并不意味着级进代数不受限制，越高越好，而要根据杂交后代的具体表现和杂交效果，并考虑当地生态环境和生产技术条件等来确定，当基本上达到目的时，这种杂交就应停止。进一步提高生产性能的工作则应通过其他育种手段去解决，级进杂交模式如下：

被改良品种♀
×→ F_1♀
改良品种♂　×→F_2♀
改良品种♂　×→F_3♀
改良品种♂　×→F_4♀
改良品种♂　×→……
改良品种♂……

式中：♀表示母羊，♂表示公羊，F_1表示杂交一代羊，F_2表示杂交二代羊，F_3表示杂交三代羊，F_4表示杂交四代羊。

（二）育成杂交

育成杂交是利用两个或两个以上各具特色的品种，进行品种间杂交，培育新品种的杂交方法。当原品种不能满足需要时，则利用

2个或2个以上的品种进行杂交，最终育成1个新品种。用2个品种杂交育成新品种的称为简单育成杂交。用3个或3个以上品种杂交育成新品种的称为复杂育成或杂交。育成杂交的基本出发点，就是要把参与杂交的品种的优良特性集中在杂种后代身上，从而创造出新品种。应用育成杂交创造新品种时一般要经历3个阶段，即杂交改良阶段，横交固定阶段和发展提高阶段，这3个阶段有时是交错进行的，很难截然分开。

1. 杂交改良阶段　这一阶段的主要任务是以培育新品种为目标，选择参与育种的品种和个体，较大规模地开展杂交，以便获得大量的优良杂种个体。在我国大规模群众性绵羊杂交改良时，通常对母羊选择的可能性很少，全部母羊几乎都用于繁殖，从而影响育种速度。因此，在培育新品种的杂交阶段，选择较好的基础母羊，就能缩短杂交改良过程。

2. 横交固定阶段　即自群繁育阶段。这一阶段的主要任务是选择理想型杂种公母羊，固定杂种羊的理想特性。此阶段的关键在于发现和培育优秀的杂种公羊，往往个别杰出的公羊在品种形成过程中起着十分重要的作用，这在国内外绵羊育种中已不乏先例。横交初期，后代性状分离比较大，需严格选择。有严重缺陷的个体，则应淘汰出育种群。在横交固定阶段，为了尽快固定杂种优良特性，可以采用一定程度的亲缘交配。横交固定时间的长短，应根据育种方向、横交后代的数量和质量而定。

3. 发展提高阶段　品种继续提高的阶段主要任务是完善品种整体结构，增加肉羊数量，提高肉羊品质和扩大品种分布区。杂种羊经横交固定阶段后，遗传性已较稳定，并已形成独特的品种类型，只是在数量、产品品质和品种结构上还不完全符合品种标准。此阶段可根据具体情况组织品系繁育，以丰富品种结构，并通过品系间杂交和不断组建新品系来提高品种的整体水平。

（三）导入杂交

一个品种基本上符合要求，只在某些方面有自身不能克服的重大缺点，或用纯种繁育难以提高某些品质时，可以用与该品种生产方向一致、能克服该品种缺点的其他品种进行杂交，杂交后代公、母羊与原品种进行回交。导入杂交的模式是用所选择的导入品种的公羊配原品种母羊，所产杂种一代母羊与原品种公羊交配，一代公羊的优秀者也可配原品种母羊，所得含有1/4导入品种血统的第一代，就可进行横交固定。或者用第一代的公母羊与原品种继续交配，获得含外血1/8的杂种个体，再进行横交固定。因此，导入杂交的结果在原品种中导入品种血含量为1/4或1/8。导入杂交时，要求所用导入品种必须与被导品种是同一生产方向。导入杂交的效果在很大程度取决于导入品种及个体的选择，杂交中的选配及羔羊培育条件等方面。

（四）经济杂交

经济杂交又称商品杂交。主要是利用杂交产生的杂种优势，即利用杂种后代所具有的生活力强、生长速度快、饲料报酬高、生产性能高等优势。应用经济杂交最广泛、效益最好的是肉羊商品生产，特别是舍饲肥羔生产。经济杂交是为了利用杂交优势，以获得有高度经济利用价值的杂种后代，用于商品生产。两品种间（包括两类型间和两个专门化品系间）的公、母羊进行杂交，叫做简单经济杂交。三个品种以上的公、母羊间进行杂交，叫复杂的经济杂交。特定的两品种杂交所得的杂种一代母羊，再与第三个品种的公羊进行杂交，叫做三元杂交。复杂的经济杂交，使杂种后代有强大的生活力，同时生产性能得到较大幅度地提高。

（五）选择杂交亲本应掌握的要点

杂种是否有优势和究竟有多大的杂种优势，主要还得看杂交亲本群体是不是好，以及其相互之间配合得是否恰当，可按以下条件选择最适宜品种。

（1）应选择那些分布距离远、来源差别大的品种，特别是选用两个长期相互隔绝的品种或品系，或在其生产类型和特点上存在着较大差别的品种进行杂交，有可能获得较高的杂种优势。

（2）遗传力较低和近交衰退较严重的品种，以及种群变异系数较小的品种，杂交效果较好。

（3）各具不同的优良基因，纯度较好的优良品种。

二、肉羊的杂交技术应用

（一）国外肉羊杂交优势利用现状

在实际生产中常常根据不同的生态条件，选择合适的公、母羊品种杂交，充分利用杂交优势是搞好肉羊生产的重要环节。杂交能提高生产力，尤其是繁殖力、羔羊成活率和羔羊生长速度。试验表明，两品种杂交，子代产肉量比父母代平均值提高12%；三品种杂交，更能显著地提高产肉量和饲料报酬。一般讲，差异较大的品种杂交，所获得的杂种优势也较大。对生产肥羔来讲，要求其生长发育快，早熟，多次发情，多胎和泌乳性能高，产肉能全年均衡供应。

世界主要绵羊业国家如英国、澳大利亚、新西兰、美国、阿根廷、俄罗斯等，多利用英国长毛种、短毛种及其参与而培育成的肉用新品种作为父系，基础母羊除部分为纯种外，多为杂种羊，而终端父本多用萨福克羊，其次为汉普夏羊、无角陶塞特羊、南丘羊等。终端品种多具有早熟性好、生长快、体大、产肉性能突出和繁殖力强等结合好的特点。

英国的基本杂交模式以山地种（如苏格兰黑面羊等）为母本，以长毛种（如边区莱斯特公羊等）为父本，杂交一代（F_1）公羊育肥出售，母羊与萨福克公羊（终端品种）杂交。另外，有以汉普夏羊、无角多塞特羊、特克塞尔羊作为终端品种。澳大利亚的肥羔生产模式为以美利奴母羊与边区莱斯特公羊杂交，F_1公羊育肥出售，母羊与无角陶塞特公羊（终端品种）杂交，也有以有角陶塞特羊作为终端品种。新西兰以罗姆尼羊、考力代羊和美利奴羊为母本，用英国长毛种和短毛种为父本，终端品种多用萨福克羊和陶塞特羊。美国以兰布里耶羊、考力代羊、塔吉羊、达来因美利奴羊、芬兰兰德瑞斯羊、被利帕羊等为主要母本，以萨福克羊、汉普夏羊、南丘羊、陶塞特羊、哥伦比亚羊及林肯羊等为父本。终端品种主要为萨福克羊，其次为汉普夏羊、陶塞特羊、南丘羊等。在杂交的同时，不能忽视对参与杂交的纯种羊及其杂种羊主要性状的选育，如早熟性，产羔率，泌乳力，肉、饲料转化率，抗逆性等。

肉用山羊业主要采用导入奶肉兼用山羊基因，如印度的简那巴利羊和比特尔羊、英国纽宾羊、巴基斯坦的喀莫利羊可提高印度、印度尼西亚、斯里兰卡、尼泊尔和我国四川简阳山羊的肉奶性状。

我国引入国外品种进行杂交育肥起步较晚。自20世纪50年代末以来，先后引入萨福克羊、德国肉用美利奴羊、罗姆尼羊、边区莱斯特羊、林肯羊、法国夏洛来羊、无角陶塞特羊及波（布）尔山羊等国外优良肉羊品种，与我国当地低产的绵、山羊品种及其杂种进行不同形式的杂交选育工作，获得了明显的成效。利用早熟、生长快、产羔率高的小尾寒羊提高本地羊的产羔率和产肉性能。新疆等地引入多胎性强的湖羊提高当地母本品种的产羔率，福建省利用成都麻羊同当地山羊杂交，湖南省的马头山羊杂交改良浙江省当地山羊等，对提高母本羊产肉性能和繁殖力的效果均已得到证实。波（布）尔山羊对我国普通山羊肉用性能具有明显改良效果。

（二）绵羊的杂交利用

我国地方绵羊品种虽然具有某些优良性状，如常年发情、多胎，如小尾寒羊和湖羊，但其生长速度慢，产肉性能不高，需要与国外引入的肉用性能好的品种进行杂交，这样既可保持他们的优良繁殖性能，又能提高其早期生长发育和产肉量。

1. 小尾寒羊的杂交改良效果

（1）夏洛来×小尾寒羊一代，2月龄重11.70千克，6月龄重42.30千克，而后代的繁殖率还可保持在270%以上，平均日增重为257克。

（2）边区莱斯特羊×小尾寒羊一代，3~4月龄体重达32.40千克，平均日增重365克。

（3）无角陶赛特×小尾寒羊一代，3月龄重29.0千克，6月龄40.4千克，经育肥可达44.6千克。

2. 湖羊的杂交改良效果　夏洛来×湖羊一代，2月龄重24.4千克，从初生到断奶日增重为341.3克，6月龄重32.1千克，从初生至6月龄平均日增重为184克。

3. 滩羊的杂交改良效果　陶赛特×滩羊一代，4月龄体重15.5千克；萨福克×滩羊一代，4月龄体重16.8千克。

（三）山羊的杂交利用

我国的山羊除保留一些毛用、羔皮用、裘皮用山羊外，有55%~60%的山羊将向肉用方向发展。早在20世纪80年代初期，在我国中原及南方广大地区为了提高本地山羊的产肉量，开展了杂交改良本地山羊的工作，其后代生长快，产肉多，而且繁殖性能得到保留。本地山羊经改良后，体重比本地品种提高了20%~80%，产肉量增加20%。

1. 波（布）尔山羊杂交改良黄淮山羊的效果　其杂交一代的体重比本地山羊提高50%以上。波（布）尔山羊与黄淮山羊杂交，杂交一代断奶重16.78千克，比同龄的黄淮山羊重8.07千克，增长91%。6月份活重26.40千克，比同龄的黄淮山羊重11.95千克，增长81.9%。

2. 萨能奶山羊杂交改良黄淮山羊的效果　萨能奶山羊与黄淮山羊杂交，杂交一代4月龄活重15.9千克，比同龄的黄淮山羊重4.5千克，增长39.4%；8月龄活重30.22千克，比同龄黄淮山羊重7.4千克，增长32.43%。

在我国地方品种绵羊、山羊的杂交改良中，具体应用何种品种与地方品种进行杂交要考虑所在地的社会、经济条件，不同品种对生态条件的适应性，不同品种杂交的生长发育状况，不同杂交组合投入成本等，同时应注意本地优良品种的保护。

第三章　肉羊繁殖技术

羊的繁殖包括生殖细胞的形成、交配、受精、妊娠、分娩和泌乳。只有通过繁殖才能增加羊只的数量，提高质量。因此，我们要了解和掌握羊繁殖的基本规律，正确运用配种技术，在保证羊只正常发情和多排卵的基础上，提高受胎率和产羔率，提高繁殖成活率。

第一节　肉羊繁殖规律

一、性成熟与初配年龄

（一）公羊的初情期、性成熟和适配年龄

初情期是公羊首次出现性行为，并能够射出精子的时期。性成熟是公羊生殖器官生殖功能趋于完善，能够产生具有受精能力的精子，并具有完全的性行为。

公羊达到性成熟的年龄与体重增长速度呈一致的趋势。体重增长快的个体，其到达性成熟的年龄要小。群体中如有异性存在，可促使性成熟提前。此外，品种、遗传、营养、气候和个体差异等因素均可影响达到性成熟的年龄。公羊在达到性成熟时，身体仍在继续生

长发育，配种过早会影响身体的正常生长发育，并且降低繁殖力。通常公羊开始配种的年龄应在达到性成熟后推迟数月。要求公羊的体重接近成年时才可开始配种。绵羊性成熟多在6～7月龄，山羊性成熟期多为3～6月龄。性成熟2个月后开始配种为宜，即为公羊的适配年龄。

（二）母羊的初情期、性成熟和适配年龄

母羊到达一定年龄，脑垂体开始具有分泌促性腺激素的功能，机体亦随之发生一系列复杂的生理变化。例如卵巢上的卵泡发育成熟，有的母羊表现发情，并接受公羊交配等行为。这时母羊的生殖器官已基本发育完全，具有繁殖后代的能力。通常把母羊初次表现发情并发生排卵的时期称为初情期，一般绵羊为6～8月龄，山羊为4～6月龄。

母羊已具备完整繁殖周期的时期称为性成熟。母羊达到性成熟时，表现出规律的发情周期和完全的发情征候，排出能受精的卵子，此时即具有繁衍后代的能力。母羊到性成熟时，并不等于已经达到适宜的配种繁殖年龄。此时其身体生长发育尚未完成，生殖器官的发育也未完善，过早妊娠就会妨碍自身的生长发育，而且还可能造成难产，产生的后代也可能体质较弱，发育不良，出现死胎，泌乳性能较差，故此时一般不能配种。

母羊的繁殖适龄期应是母羊既达到性成熟，又达到体成熟。通常母羊适宜的初配年龄应以体重为依据，即体重达到正常成年体重的70%以上时可以开始配种。此时配种繁殖一般不影响母体和胎儿的生长发育。山羊的初配年龄较早，并与气候条件、营养状况有很大的关系。南方有些山羊品种5月龄即可进行第一次配种，而北方有些山羊品种初配年龄需到1.5岁。通常山羊的初配年龄多为10～12月龄，绵羊的初配年龄多为12～18月龄。分布于全国各地不同的绵羊、山羊品种，其初配年龄也不尽相同，在实际生产中，要根据羊的生长发育情况来确定。一般羊的体重达成年羊体重的70%时，进行第一次配种较为适宜。绵羊、山羊初情期、性成熟、初配和繁殖停止年龄的比较见表3–1。

表3–1 绵、山羊初情期、性成熟、初配和繁殖停止年龄

种类	初情期		性成熟		初配年龄		繁殖停止年龄	
	公	母	公	母	公	母	公	母
绵羊	6~8月龄	4~5月龄	6~10月龄	6~10月龄	1~1.5岁	1~1.5岁	7~8岁	8~11岁
山羊	4~6月龄	4~6月龄	6~10月龄	6~10月龄	1~1.5岁	1~1.5岁	7~8岁	7~8岁

二、发情、发情周期与发情鉴定

发情是羊的一种性活动现象，其生殖道发生变化，卵巢上有卵泡发育，逐渐成熟并排卵。

（一）发情征兆

母羊发情有3个方面的变化。

1. 行为变化　母羊发情时，表现出兴奋不安，对外界刺激反应敏感，常叫唤，食欲减退，有交配欲，主动接近公羊，在公羊追逐或爬跨时常站立不动。

2. 生殖道的变化　子宫口松弛、充血、肿胀。发情期初期阴道黏液分泌量少、稀薄透明，中期黏液量增多，末期黏液浓稠但量减少。子宫腺体增大，充血、肿胀，为受精卵的发育做好准备。

3. 卵巢变化　在发情的前2~3天卵巢的卵泡发育很快，卵泡内膜增厚，卵泡液增多，卵泡突出于卵巢表面，卵子被颗粒层细胞包围。绵羊发情外表征状不明显，处女羊发情更不明显，多拒绝公羊爬跨。有的山羊发情比绵羊明显，特别是奶山羊，发情时食欲不振，不断咩叫，摇尾，爬跨别的山羊，外阴潮红肿胀，阴门流出黏液。

羊每次发情后持续的时间叫发情持续期。绵羊发情持续期平均

为30小时左右，山羊为24～48小时。母羊一般在发情后排卵，卵子排出后保持受精能力的时间为15～24小时，而精子保持受精能力的时间为30～48小时。

（二）发情周期

母羊达到性成熟年龄以后，卵巢上出现了周期性的排卵现象，生殖器官周期性地发生一系列的变化，这种变化按一定顺序循环进行，一直到性功能衰退以前。把母羊前后两次排卵期间，整个机体和它的生殖器官所发生的复杂生理变化过程称为发情周期。绵羊的发情周期平均为17（14～19）天，山羊平均为21（16～24）天。发情周期周而复始，一直到绝情期为止。根据1个发情周期中生殖器官所发生的形态、生理变化相应的性欲表现，将发情周期分为4个阶段：发情前期、发情期、发情后期和间情期。

1. 发情前期　上一次发情周期形成的黄体进一步呈退行性变化，逐渐萎缩，卵巢中有新的卵泡发育增大，子宫腺体有增殖，生殖道轻微充血肿胀，子宫颈稍开放，阴道黏膜的上皮细胞增生，母羊有轻微发情表现。

2. 发情期　母羊性欲进入高潮，接受公羊的爬跨。这一时期卵泡发育迅速，外阴部充血、肿胀加剧，子宫颈开张，有较多黏液排出，母羊发情表现最明显。绵羊发情期持续时间一般为24～36小时，山羊为24～48小时。初配母羊的发情期较短，年老母羊较长。排卵时间，绵羊和山羊分别在发情开始后24～27小时和24～36小时。

3. 发情后期　母羊由发情盛期转入静止状态。生殖道充血逐渐消退，子宫颈封闭，黏液浓稠而量少，发情表现微弱，破裂的卵泡开始形成黄体。

4. 发情间期　发情间期也称休情期或间情期。在此阶段，母羊的交配欲停止，精神状态已恢复正常。卵巢上形成黄体，并分泌孕激素。

（三）发情特点

1. 季节性多次发情　羊属季节性多次发情动物，每年发情的开始时间及次数，因品种及地区气候不同而有所差异。例如，我国北方的绵羊多在每年的8~9月发情，而我国温暖地区的湖羊发情季节不明显，大多集中在春秋季，南方地区农户饲养的山羊发情季节也不明显。

2. 产后发情　母羊产后发情大多在分娩后1个月前后，早的仅6~7天。

3. 发情期症状发情　持续期绵羊为24~36小时，山羊为24~48小时。初配母羊发情期较短，年老母羊较长。绵羊的发情症状不太明显，而山羊的发情症状较为明显。

4. 排卵时间　绵羊排卵时间一般都在发情开始后20~27小时，山羊排卵的时间一般在发情开始后的24~36小时。绵羊在发情季节初期会经常发生安静排卵，山羊发生安静排卵的现象较少。

5. 假发情　山羊发情后一少部分母羊仅有发情表现，而不排卵。

（四）发情鉴定

发情鉴定目的是及时发现发情母羊，正确掌握配种时间，防止误配、漏配，提高受胎率。母羊的发情期短，外部表现不明显，特别是绵羊，不易及时发现和判定发情开始的时间。母羊发情鉴定方法主要有试情法、外部观察法和阴道检查法。

1. 试情法　该方法就是在配种期内，每日早、晚将试情公羊（结扎输精管或腹下戴兜布）按1∶40的比例放入母羊群中，让公羊主动接触母羊，通过母羊接受爬跨行为，挑出发情母羊，但不让试情公羊与母羊交配。具体做法如下。

（1）试情公羊的选择　试情公羊应挑选2～4岁身体健壮、性欲旺盛的个体。

（2）试情公羊的准备　为防止试情公羊在试情过程中发生偷配，可以对试情公羊做以下处理。

①戴兜布（也称试情布）。取一块细软的布，四角缝上布带，在试情前系在试情公羊腰部，兜住阴茎，但不影响试情公羊行动和爬跨。每次试情完毕，要及时取下兜布，洗净晾干，消毒后保存。

②结扎输精管。选择1～2岁健康公羊，进行输精管结扎手术。一般在每年4—5月份进行手术，因为这时天气凉爽，无蚊蝇，伤口易愈合。

（3）试情方法　首先把待鉴定的母羊群放入试情圈内。试情公羊进入母羊群后，会用鼻去嗅母羊，或用蹄去挑逗母羊，甚至爬跨到母羊背上。如果母羊不动、不拒绝，或伸开后腿排尿，接受爬跨，这样的母羊就是发情羊，应及时做上标记，准备配种。试情期间，由专人在羊圈中走动，把密集成堆或挤在圈角的母羊赶开，但不要追打和大声喊叫。根据母羊发情晚期排卵的规律，可以采取早、晚两次试情的方法配种。早晨选出的母羊下午配种，第二天早晨再复配一次；晚上选出的母羊到第二天早晨配种，下午进行复配，这样可以极大地提高受胎率。

2. 外部观察法　直接观察母羊的行为症状和生殖器官的变化来判断其是否发情，这是鉴定母羊是否发情最常用的方法。山羊发情表现较为明显；绵羊发情时间短，外部表现不大明显，观察判断发情时要认真细致。发情母羊的主要表现是精神兴奋不安，食欲减退，不时地高声叫唤，喜欢接近公羊，并强烈摇动尾巴，当公羊靠近或爬跨时站立不动，并接受其他羊的爬跨，在放牧时常有离群表现。同时，发情母羊的外阴部及阴道充血、肿胀、松弛，并有少量黏液流出，发情前期黏液清亮，发情晚期黏液呈面糊状。

3. 阴道检查法　将清洁、消毒的羊开膣器插入阴道，借助光线观察生殖器官内的变化，如阴道黏膜的颜色潮红无血，黏液增多，子宫颈潮红，颈口微张开等，即可判定母羊已经发情。

三、受精和妊娠

（一）受精

受精是指精子进入卵细胞，两者融合成1个细胞——合子，即受精卵的过程。羊属于阴道受精型动物，即交配时精子射在阴道内子宫颈口的周围。随后精子由射精部位运行到受精部位——输卵管壶腹部，经过一系列生理反应过程，完成精子和卵子的融合，形成受精卵。

（二）妊娠

妊娠是从受精开始，经由受精卵阶段、胚胎阶段、胎儿阶段，直至分娩（妊娠结束）的整个生理过程。从精子和卵子在母羊生殖道内形成受精卵开始，到胎儿产出时所持续的时间称为妊娠期（或胚胎发育期）。妊娠期包括受精卵卵裂、桑葚胚、囊胚、囊胚后期的胚泡在子宫内的附殖、建立胎盘系统、胚胎发育，继而形成胎儿，最后胎儿成熟，分娩。

绵羊和山羊的妊娠期均为5个月左右，其中绵羊平均为150天（146~157天），山羊平均为152天（146~161天）。

1. 妊娠鉴定　妊娠鉴定就是根据母羊妊娠后所表现的各种变化来判断其是否妊娠以及妊娠的进展情况。母羊配种后，尽早进行妊娠诊断，对于保胎、减少空怀、提高繁殖率及有效地实施生产经营都是相当重要的。确定妊娠的母羊应加强饲养管理，维持母体健康，保证胎儿的正常发育，防止胚胎早期死亡和避免流产。若确定未孕，应注意下次发情，并及时查找出原因，如交配时间及配种方法是否合适，精液品质是否合格，母羊生殖器官是否患病等，以便改进或及时治疗。

（1）外部观察法　母羊妊娠后，一般表现为周期性发情停止，性情温顺、安静，行为谨慎，食欲旺盛，采食量增加，毛色光亮、润泽。到妊娠后半期（3～4个月）腹围增大，腹壁右侧（孕侧）比左侧更为下垂突出，肋腹部凹陷，乳房增大。外部观察法的最大缺点是不能早期（配种后第一个发情期前后）确诊是否妊娠，对于某些能够确诊的观察项目一般都在妊娠中后期才能明显看到，这就可能影响母羊的再发情配种。在进行外部观察时，应注意的是配种后再发情，比如少数绵羊（约30%）在妊娠后有假发情表现，依此作出空怀的结论并非正确。配种后没有妊娠，而由于生殖器官或其他疾病以及饲养管理不当而不发情者，据此作出妊娠的结论也是错误的。

（2）腹壁触诊法　用双腿夹住羊的颈部或前躯保定，双手紧贴下腹壁，以左手在右侧下腹壁或两对乳房上部的腹部前后滑动触摸有无硬块，可以触诊到胎儿，有时可以摸到子叶。根据妊娠时间，在胎儿胸壁紧贴母羊腹壁听诊，探听胎儿心音，判断母羊是否妊娠。

（3）阴道检查法　妊娠母羊阴道黏膜的色泽、黏液性状及子宫颈口形状均有一些与妊娠相一致的规律性变化。此方法就是利用阴道开膣器（开张器）打开阴道，根据阴道内黏膜的颜色和黏液情况来判定母羊是否妊娠。

母羊怀孕后，阴道黏膜由空怀时的淡粉红色变为苍白色，用开膣器打开阴道后，几秒钟内即由苍白色又变成粉红色。空怀母羊黏膜始终为粉红色。怀孕羊的阴道黏液呈透明状而且量很少，浓稠，能牵连成线。相反，如果黏液量多、稀薄、流动性强、不能牵连成线，或颜色灰白而呈脓状的母羊则为未孕。孕羊子宫颈紧闭，色泽苍白，并有糨糊状的黏块堵塞在子宫颈口，称之为“子宫栓”。

（4）超声波探测法　目前使用的超声波诊断仪主要是B型超声波诊断仪，同时发射多束超声波，在一个探测面上进行扫描。显示的是被查部位的一个切面断层图像，诊断结果较准确。超声波仪有直肠探头和扇形探头两种，探头和所探测部位均以石蜡油、食用油或凡士林为耦合剂，根据妊娠时间可采用直肠探测和腹部探测两种不同的探测方法。

操作方法是助手保定母羊，探测者将探头插入直肠内，探头左右两侧各做15°～45°摆动，或选择待检母羊乳房两侧或乳房前毛稀少的区域，贴腹部皮肤移动观察。同时密切注意屏幕上的任何阳性信息图像，以探测到胎儿，包括胎头、胎心、脊椎或胎蹄以及胎盘子叶等，作为判定阳性依据。

2. 预产期　有配种记录的母羊，可以按配种日期以“月加5，日减4或2（2月配种则日减1）”的方法来推算预产期，如4月8日配种怀孕的母羊其预产期应为9月4日，10月7日配种怀孕的母羊则为次年的3月5日。

四、分娩与接产

（一）分娩

妊娠期满，母羊将发育成熟的胎儿和胎盘从子宫排出体外的生理过程即为分娩，亦称产羔。

1. 分娩预兆　母羊分娩前机体的一些器官在组织和形态方面发生显著变化，其行为也与平时不同，这一系列的变化是为了适应胎儿的产出和新生羔羊哺乳的需要。同时，可根据这些征兆来确定母羊的分娩时间，做好接羔工作。

（1）乳房的变化　母羊在妊娠中期乳房即开始增大，分娩前夕，母羊乳房迅速增大，稍现红色而发亮，乳房静脉血管怒张，触之有硬肿感，此时可挤出初乳。个别母羊在分娩后才能挤出初乳。

（2）外阴部的变化　临近分娩时，母羊阴唇逐渐柔软、肿胀，皮肤上的皱纹消失，越接近产期越表现发红。阴门容易开张，母羊卧下时更为明显。生殖道黏液变稀，子宫颈黏液栓也软化，滞留在阴道内，并常排出阴门外。

（3）骨盆韧带的变化　在分娩前1~2周开始松弛。

（4）行为的变化　临近分娩时，母羊精神状态显得不安，回头顾腹，时起时卧。起卧时两后肢呈伸直状态。排粪、排尿次数增多。放牧羊只则有离群现象，寻找安静处，等待分娩。

2. 分娩过程　分娩过程可分为3个阶段，即子宫颈开张期（第一产程）、胎儿产出期（第二产程）和胎衣排出期（第三产程）。

（1）子宫颈开张期　从子宫角开始收缩，至子宫颈完全开张，子宫颈与阴道之间的界限消失，这一时期称为子宫颈开张期。历时1~1.5小时。这一阶段子宫颈变软扩张，一般仅有阵缩，没有努责。母羊表现不安，时起时卧，食欲减退，进食和反刍不规则，有腹痛表现。

（2）胎儿产出期　从子宫颈完全开张，胎膜被挤出并破水开始到胎儿产出为止的时期，称为产出期。在这一时期，阵缩和努责共同发生作用。母羊表现极度不安，心跳加速，呈侧卧姿势，四肢伸展。此时，胎囊和胎儿的前置部分进入软产道。压迫刺激盆腔神经感受器，除子宫收缩以外，又引起腹肌的强烈收缩，出现努责，在这两种动力作用下将胎儿排出。此过程为0.5~1小时。羊的胎儿排出时，仍有相当部分的胎盘尚未脱离，可维持胎儿在产前有氧的供应，使胎儿不致窒息。

（3）胎衣排出期　从胎儿产出到胎衣完全排出的时间称为胎

衣排出期，需要1.5~2小时。当胎儿开始排出时，由于子宫收缩，脐带受到压迫，供应胎膜的血液循环停止，胎盘上的绒毛逐渐萎缩，脐带断裂后绒毛萎缩更加严重，体积缩小，绒毛很容易从子宫腺窝脱离。排出的胎衣要及时取走，以防被母羊吞食而养成恶习。

母羊分娩后立即开始泌乳，以哺育羔羊。泌乳启动后，就必须经常有吸吮或挤奶的刺激，使之发生排乳反射。当泌乳量自然下降、断奶或停止挤奶时，母羊的乳房实质就加快复原。下一次妊娠时乳房腺泡组织重新生长发育，并在分娩后开始又一次新的泌乳活动。

（二）接产

1. 产前准备　产羔前，应把产房打扫干净，地面和墙壁要彻底消毒。产羔处要铺垫短、软、消毒的褥草。冬季产房温度不能过低，以免羔羊冻死和感冒。最适宜的温度是10℃左右。产房要干燥，潮湿的产房容易引起母羊发生产后生殖系统感染和羔羊发生疾病。准备好各种接产用具和药品，如台秤、产羔登记卡、接产器具、消毒药、催产素等。母羊临产前（怀孕145天左右）要进入产房，并安排人员24小时进行观察，准备接产。接产人员要剪短、磨光指甲，以备难产时助产。

2. 正常接产　绵羊一般情况下都是顺产。羊膜破水后不久，羔羊的双蹄及嘴、角、头顶露出落地。胎儿脱离母体后，要及时把羔羊嘴、鼻、耳中的黏液掏拭干净，以免呼吸时吞咽羊水。羔羊身上的黏液要让母羊舔干，以增加母羊母性，易于识别母羊自己所生的羔羊。母性差的羊不舔羔身的黏液，要在羔羊身上撒布些炒香的玉米面、豆面等，诱其舔食。如果寒冬季节露天或产房里温度过低时，要注意将羔羊体表黏液用布或干草擦干，以免羔羊感冒或受冻。产下的羔羊如包被胎衣产出时，要及时撕破，使羔羊露出。羔羊出生后应扯断脐带，并在扯断后用碘酒消毒。人工扯断或剪断脐带，应注意消毒，扯（剪）断处不能距羔羊腹部太近，一般在距离羔羊身体远端4～5厘米处断脐，并打结，消毒。

3. 难产处理　羊膜破水后30分钟左右，母羊努责无力，仍未产出羔时，助产人员根据情况采取不同措施助产。难产主要有以下症状。

（1）胎羔过大时，将阴门用剪刀扩大（产后要立即消毒缝合），助产人员手臂消毒后伸入母羊产道，探测到羔羊时将羔羊两前腿牵引，反复推拉2～3次，趁母羊用力努责时顺势将羔羊拉出，严禁用力过猛。

（2）胎位不正时，如见头不见腿或见腿不见头时应及时将母羊后躯垫高，防止胃肠压迫子宫内的胎儿，然后助产者将手臂消毒，涂油（或涂肥皂液），待母羊阵缩时，将胎羔推回腹腔，手伸入阴道，用中、食指摸明胎儿位置后予以纠正，借母羊努责时顺势拉出。

（3）先露出臀部时，助产应先将后腿拉出。

4. 假死羔羊的处理　羔羊产出后，身体发育正常，心脏仍跳动，但不呼吸，这种情况叫做假死。假死的羔羊主要是过早呼吸而吸入羊水，子宫内缺氧，分娩过程太长，或者受凉所致。羔羊出现假死现象时，要立即采取以下两方面的措施使羔羊复苏。一是提起羔羊两后腿，使羔羊悬空并拍击背部、胸部。二是让羔羊爬卧后用两手有节律的推压胸部两侧，假死的羔羊一般都能复苏。因受凉而造成的假死，应立即移入暖室进行温水浴，水温从38℃开始，逐渐升到45℃。温水浴时羔羊头部露出水面，同时结合腰部按摩，浸20～30分钟，待羔羊复苏后立即擦干全身。

5. 羔羊的产后护理

（1）羔羊的寄养　羔羊出生后，如果母羊意外死亡或者母羊一胎产羔过多，便应给羔羊找保姆羊寄养。产单羔而乳汁多的母羊和羔羊死亡的母羊都可充当保姆羊。寄养的方法是将保姆羊的胎衣或乳汁抹在被寄养羔羊的臀部或尾根，或将羔羊的尿液抹在保姆羊的鼻子上，或于晚间将保姆羊和寄养羔羊关在一个栏内，经过短期熟悉，保姆羊便会让寄养羔羊吃奶。

（2）去角　有角山羊在互相角斗中造成损伤和流产，管理上很不方便。有角的羔羊在出生5~7天可以去角，去角时将羔羊侧面卧倒，用手触摸其角基，感到角基的突起，角基周围涂以凡士林油，以防苛性钠侵蚀周围皮肤和眼睛，工作人员戴塑胶手套，或将苛性钠一端用防腐蚀材料（如塑料布等）包好以防腐蚀人手，另一端蘸水反复涂在角的突起，直到稍出血时为止，然后在上面撒以消炎药。

（3）编号　对待种用的羊要用耳标编号，耳标为铝制或塑料制牌，有圆形和长条形两种，在上面可打上或写上号码。

（4）去势　凡是不留种的小公羊均应去势，去势后便于管理，亦有利于育肥。常用的是结扎法和刀切法。

第二节　肉羊繁殖技术

一、配种技术

（一）配种季节选择

羊的繁殖季节一般在秋春季，经过夏季的抓膘，羊的膘情好，发情排卵有规律，容易配种受胎，有利于胎儿发育。秋季9月至11月份，春季3月至5月份是最适宜的配种季节。我国大部分牧区是8~9月份配种，来年1~2月份产羔，即所谓“冬羔”；或11~12月份配种，翌年

4~5月份产羔，即所谓“春羔”。南方农区的山羊较多，常年发情，但春、秋两季较为集中，不分季节随时配种，绵羊发情的季节性较强，选择配种时间应以秋季为主。

（二）配种准备工作

1. 加强营养　在羊的配种旺季到来前1~2个月要加强公、母羊的饲养管理。放牧羊要抓住秋季牧草结籽富含营养的有利时机，延长放牧时间，促使羊吃饱吃好，并补饲精料。舍饲羊比平时增加精料30%~50%，种公羊每天补喂胡萝卜250~500克，使羊只膘肥体壮，母羊发情正常，公羊性欲高，提高配种受胎率。与此同时，配种站（点）要备好人工授精器械，充分洗刷，严格消毒，迎接配种。

2. 调教公羊　有的初配公羊采精或本交，不会爬跨母羊，可采取下法调教：公、母羊合群放牧，同圈饲养，经几天后公羊即开始爬跨母羊。其他公羊采精或本交，让初配公羊在旁边“观摩”，诱导其配种。用发情母羊阴道分泌物，涂在公羊鼻尖上，刺激其性欲。按摩公羊睾丸，早晚各20分钟。注射丙酮睾丸素，每次2毫升，每日1次，连注3次。

（三）配种的方法

羊的配种方法有自然交配、人工辅助交配和人工授精3种。自然交配现在只有一些条件较差的生产单位和农村使用，在条件较好的地区和单位多用人工辅助交配和人工授精方法。

1. 自然交配　自然交配是最简单的交配方式。公、母羊混群放牧，在配种期内，可根据母羊多少，将选好的种公羊放入母羊群中任其自由寻找发情母羊进行交配。这种方法目前在农村、山区和牧区的养羊业中，特别是在山羊业中较普遍采用。该法适合小群分散的生产单位，但该种方法造成种公羊资源浪费，且容易引起近亲繁殖。在非配种季节公母羊要分群放牧管理，配种期内如果是自由交配，可按1∶25的比例将公羊放入母羊群，配种结束将公羊隔出来。每年群与群之间要有计划地进行公羊调换，交换血统。

2. 人工辅助交配　全年将公、母羊分群隔离饲养或放牧，在配种期内用试情公羊试情，发情母羊用指定公羊配种。这种配种方法不仅可以减少公羊体力消耗，提高种公羊的利用率，而且有利于选配工作的进行，可防止近亲交配和早配，做到有计划地安排分娩和产羔管理等。交配时间一般是早晨发情的母羊傍晚进行配种，下午或傍晚发情的母羊次日早晨配种。为确保受胎，最好在第一次交配后，间隔12小时左右重复交配一次。

3. 羊的人工授精　羊的人工授精是用器械采取公羊的精液，经过品质检查和一系列处理，再通过器械将精液输入发情母羊生殖道内，达到母羊受胎的配种方式。人工授精可以提高种公羊的利用率，加速羊群的改良进程，并可防止疾病的传播，节约饲养大量种公羊的费用。

人工授精技术包括器械的消毒、采精、精液品质检查、精液的稀释、精液保存和运输、母羊发情鉴定和运输等主要技术环节。

（1）器械的消毒　采精、输精及与精液接触的所有器械都要求消毒、清洁、干燥，存放在清洁的柜内或烘箱中备用。假阴道要用2%的碳酸氢钠溶液清洗，再用清水冲洗数次，然后用75%的酒精消毒，使用前用生理盐水冲洗。集精瓶、输精器、玻璃棒和存放稀释液及生理盐水的玻璃器皿洗净后要经过30分钟的蒸汽消毒，使用前用生理盐水冲洗数次。凡士林用蒸汽消毒。

（2）采精　采精地点宜固定，不要经常变换采精地点，要求安静、平坦、避风。采精选择发情明显的健壮母羊为台羊，固定在采精架上。检查已经消毒的假阴道是否漏气，橡胶内胎是否扭转，松紧度是否合适。然后灌注50～55℃热水，竖直假阴道使水至进水口处即可。

装上气嘴、集精杯，吹气至假阴道内胎呈三角形。假阴道内部的温度、压力要与母羊阴道相似，采精时假阴道的温度应保持在39~41℃。用灭菌过的玻璃棒蘸少量凡士林均匀抹在内胎的前1/3处。

采精前用温水洗种公羊阴茎的包皮，并擦干净。采精时采精员站立在公羊的右侧，当种公羊爬跨时，迅速上前，右手持假阴道靠在母羊臀部，其角度与母羊阴道的位置相一致（与地面成35°~45°角），用左手轻托阴茎包皮，迅速将阴茎导入假阴道中。羊的射精速度很快，当发现公羊有向前冲的动作时即已射精，要迅速把装有集精杯的一端向下倾斜，并竖起集精杯，送精液到处理室，缓慢放气后取下集精杯，盖好盖，送交检验室检查精液品质。

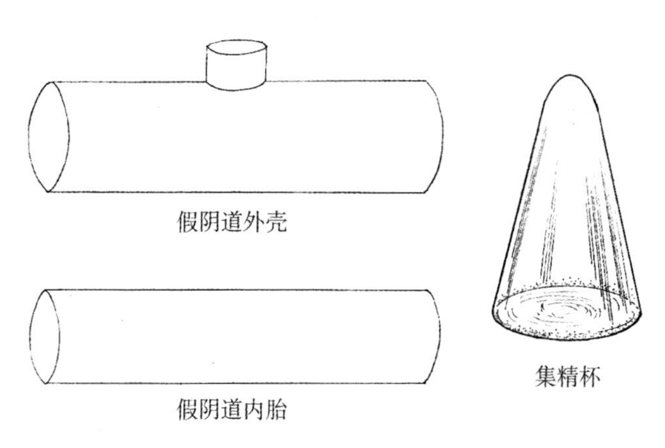

图3-1　肉羊采精假阴道示意图

（3）精液品质检查　在18~25℃室温条件下进行。首先进行外观检查，正常精液为乳白色浓厚不透明，呈云雾状，无味或略带腥味，射精量0.5~2.0毫升，一般为1.0毫升，山羊射精量比绵羊少。精液品质检查的目的是鉴定精液品质的优劣，以便决定配种负担能力，同时也反映出种公羊饲养管理水平，生殖功能状态，并作为确定精液稀释倍数、保存和运输方法的依据。

精子活力的测定是检查在37℃条件下的精液中直线前进运动的精子百分率。检查时以灭菌玻璃棒蘸取一滴精液，放在载玻片上加盖片，在400～600倍显微镜下观察。全部精子都做直线前进运动评为1级，90%的精子做直线前进运动为0.9级，以下以此类推。公羊新鲜精液的精子活力一般为0.7～0.8级。为保证较高的受胎率，液态保存的精液精子活力在0.5级以上时就可以用于输精。

精子密度是指单位面积中的精子数。根据视野内精子多少分为密、中、稀三级。“密”是指在视野中精子的数量多，精子之间的距离小于一个精子的长度；“中”是指精子之间的距离大约等于一个精子的长度；“稀”为精子之间的距离大于一个精子的长度。为了精确计算精子的密度，可用血球计数器在显微镜下进行测定和计算，每毫克精液中含精子25亿个以上者为密，20亿～25亿个为中，20亿个以下为稀。

异态精子的检查。异态精子是指有双后、卷尾、双头或巨头等形态异常的精子。异态精子占精液中所有精子的百分率称为畸形率。一般品质优良的公羊精液，精子畸形率不超过14%，畸形率超过20%可视为异常精液，不能使用。

（4）精液的稀释与保存　稀释精液可以加大精液量，扩大母羊配种数，还可供给精子营养，增强精子活力，延长精子存活时间，有利于精液的保存运输和输精。精液在稀释后即可保存。现行保存精液的方法，按保存温度不同，分为常温保存（15～25℃）、低温保存（0～5℃）和冷冻保存（–79～–196℃）

常温保存：精液稀释后，保存在20℃以下的室温环境中。常温只能保存1～2天。

低温保存：在常温保存的基础上，进一步缓慢降至0～5℃之间。可用直接降温法，将精液装入小试管内，外面包以棉花，再装入塑料袋内，直接放入装有冰块的广口保温瓶或保温箱中，使温度逐渐降至2～4℃。低温下保存的有效时间为2～3天。

超低温保存：是将精液的温度降到冰点以下，使之冻结起来，故又叫冷冻保存，温度为-196℃。经数月乃至数年仍可用于授精。

①肉羊精液常温保存稀释液参考配方。

配方1：无水葡萄糖3克，柠檬酸钠1.4克，溶于100毫升蒸馏水，过滤3～4次，消毒后降至室温，加入卵黄20毫升搅拌均匀备用。此液可做2～3倍稀释。

配方2：鲜羊奶100毫升用6～8层纱布过滤，隔水煮沸10～15分钟，凉至室温，除去奶皮，加青霉素1 000单位/毫升、链霉素1 000单位/毫升。稀释2～4倍。

②肉羊精液低温保存稀释液参考配方。

配方1：葡萄糖3克，柠檬酸钠2克，加双重蒸馏水90毫升、卵黄10毫升、青霉素100 000国际单位/毫升、链霉素1 000微克/毫升。

配方2：脱脂奶粉10克，每毫升加青霉素1 000国际单位、链霉素1毫克。

③肉羊精液超低温保存稀释液参考配方。

配方1：

基础液　葡萄糖3克，柠檬酸钠3克，加双重蒸馏水至100毫升，消毒后备用。

Ⅰ液　取基础液80毫升，加蛋黄20毫升，青霉素5万国际单位，链霉素50毫克。

Ⅱ液　取Ⅰ液22毫升，加甘油3毫升。

将每份原精样用3种等温Ⅰ液按1∶1.5分别稀释，然后包裹12 层纱布，置4～5℃环境中平衡2小时，再分别加入与Ⅰ液等量的Ⅱ液（等温稀释），继续平衡15～20分钟，最后制作冷冻颗粒。

配方2：

基础液　取葡萄糖3.1克，乳糖4.6克，柠檬酸钠1.5克，加双重蒸馏水100毫升，消毒后备用。

Ⅰ液　取基础液105毫升，加蛋黄20毫升，青霉素5万国际单位、链霉素50毫克。

Ⅱ液　取Ⅰ液25毫升，加甘油2毫升。

稀释方法同配方1。

稀释液必须新鲜，一般每次制作不要超过1周的用量。精子稀释时应将稀释液和被稀释的精液调至等温（30℃左右）稀释，然后用注射器抽取稀释液，沿杯壁徐徐倒入精液杯中，精液稀释的倍数一般为1～4倍。

（5）冷冻精液解冻方法　细管、安瓿分装的冻精，可以直接在35～40℃的温水中解冻，在细管或安瓿内的精液融化一半时，立即从温水中取出，轻摇使精液混匀。解冻颗粒精液有湿解冻和干解冻两种方法。

湿法解冻　在灭菌试管内注入1毫升2.9%柠檬酸钠溶液或0.5毫升维生素B_{12}注射液，水浴加热至35～40℃，取出颗粒精液投进试管内，摇动融化至一半时取出，备用。

干法解冻　直接将颗粒精放于灭菌试管内，然后在水浴中加热至35～40℃，至融化一半时取出摇匀即可。冷冻精液解冻后立即进行镜检，活力达到0.3以上的就可以用于输精，要提高冻精的受胎率，一般采用1∶1的低倍稀释、40℃下快速解冻、1亿左右有效精子数的大量输精和一个发情期二次重复输精等方法。

（6）输精方法　输精是在母羊发情期的适当阶段，用输精器械将精液送进母羊生殖道的操作过程，这是人工授精的最后一个技术环节，也是保证较高配种和受胎率的关键。

①输精前的准备。在输精前首先要对玻璃输精器、开膣器等输精器械进行洗涤并消毒灭菌。所用精液可以是新鲜精液，也可是冷冻精液，冷冻精液则要按解冻要求，解冻后即时输精。用肥皂水和清水将母羊外阴周围洗净擦干，在输精前用0.1%新洁尔灭溶液消毒外阴部，再用温水洗掉药液并擦干净。

②输精。将母羊两后肢放在输精室内的横杠或输精架上，若无输精架时可由工作人员保定母羊，其方法是工作人员倒骑在羊的颈部，用双手分别握住羊的两后肢关节上部并稍向上提起，便于输精。

③阴道和子宫颈输精。输精时把开膣器轻轻插入阴道后旋转90℃，打开开膣器寻找子宫颈口，然后将盛有精液的输精器缓缓投入阴道10~13厘米深处，将输精器插入子宫颈口0.5~1.0厘米，然后稍向后退出，用大拇指轻压活塞，注入定量的精液，先将输精器退出，后退出开膣器，注意不得损伤生殖道黏膜。原精液的输精量每只羊0.05~0.1毫升/次，低倍稀释精液0.1~0.2毫升/次，处女羊有时子宫颈口很难找到，可进行阴道深部输精，输精量要加大一倍，有的母羊子宫颈口较紧或不正，可将精液注到子宫颈口附近，但输精量也应大一倍。

④子宫内输精。澳大利亚20世纪80年代首先在生产中采用腹腔内窥镜子宫内输精技术，将精液直接输入两侧子宫内，受胎率可以提高到50%~70%，而且只输精一次，每次1粒冻精甚至更少。借助腹腔内窥镜进行绵羊子宫内输精，精液用量少，优秀公羊可得到最大限度的利用。

二、颗粒冷冻精液制作

冷冻精液是精液长期保存的一种方法，在超低温环境（-79℃或-196℃）下，将精液冻结成固态，能够使精子长期保存，并保持其受精能力。冷冻精液技术在肉羊养殖中应用，能高度发挥优良种公羊的利用率，可同时给多只母羊配种，降低生产成本，提高经济效益。

（1）器材准备　制作冷冻精液应在具备无菌条件的实验室内进行，所需器材见表3–2。

表3–2　制备冷冻精液所需器材表

设备、器材名称	规格	单位	数量	用途	说明
基础设备					
电热干燥箱		台	1	器材烘干和消毒	
高压蒸汽消毒器		个	1	器材消毒	
生物显微镜		台	1	精液检查和评定	
显微镜保温箱		个	1	精液检查、环境保温	
自制电冰箱		台	1	精液平衡和稀释保存	
液氮罐	30升	个	1	精液贮存	
液氮罐	10升	个	1	液氮贮存和周转	
双蒸馏水器		台	1	蒸馏水制备	
玻璃下口瓶		个	1	蒸馏水贮存	
天平		台	1	试剂称量	
常规器材					
烧杯	500毫升	个	2	稀释液配制	
容量瓶	500毫升	个	2	稀释液配制	
吸量管	20毫升	个	2	稀释液配制计量甘油	
量筒	100毫升	个	2	稀释液配制计量卵黄	
酒精灯		个	1	器材临时消毒	
脱脂纱布			若干	常规用途	
脱脂棉			若干	常规用途	
精液采集、检查、稀释器材					
假阴道	羊用	套	7	精液采集	备用2套
集精杯	羊用	个	10	精液采集	备用5个
润滑剂	羊用	瓶	1	假阴道润滑	
温度计	–20~100℃	个	2	假阴道测温	
热水瓶		个	2	提供调温	

续表

设备、器材名称	规格	单位	数量	用途	说明
热水注射器	2毫升	个	10	计量射精量	每只公羊1个
注射器	20毫升	个	10	量取稀释液	
注射器针头	12#	个	20		
红细胞计数板		套	2	精子密度检查	
移液器		个	1	吸取精液样品	
移液器吸头		个	200	吸取精液样品	一次性用品
载玻片、盖玻片		片	2	精液质量检查	
精液冷冻及保存器材					
冷冻盒（箱）			2	精液冷冻和分装	自制
氟塑板	17毫米×10毫米×3毫米	块	10	精液滴冻	
长滴管		只	10	精液滴冻	
试管	10毫米	只	20	精液滴冻	
纱布袋		个	若干	颗粒冷冻精液包装	
搪瓷盘（带盖）	中号	个	1	放置冷冻操作工具	
长柄镊子		把	2	冷冻操作工具	
记号笔		支	2	精液保存标记	

注：为制备5只公羊的冷冻精液所需使用器材。

（2）稀释液成分及配制　使用上述肉羊精液超低温保存稀释液参考配方。

（3）稀释　稀释液需在采精前加温至接近采出的精液温度，精液经检查性状正常、活力达0.7级以上者方可用于冷冻保存，稀释倍数根据精子密度决定。密度为每毫升25亿~30亿时一般可按1:（3~5）稀释。稀释时用注射器吸取适量稀释液沿集精瓶壁缓慢注入（防止起泡）并混匀。

（4）降温和平衡　将稀释好的精液连同集精瓶加盖后直接放入4℃冰箱内平衡1.5~2小时。

（5）氟塑板预冷　在平衡结束前15分钟左右，取适量液氮倒入冷冻盒内，将氟塑板预冷至-120℃左右，为防止板面结霜，可在冷冻盒上加盖。

（6）滴冻　从冰箱内取出平衡好的精液，用预冷与精液等温的长滴管将精液上下混匀，吸取精液在氟塑板上以每粒0.1毫升快速滴冻，滴完后盖好盒盖保持3分钟，然后将氟塑板浸入液氮中。

（7）保存　冻后精液经抽样解冻检查，活力达到0.5级以上时才可用于保存和使用，将精液颗粒装入纱布袋，做好标记放入液氮容器中保存。

细管冷冻精液制作原理与颗粒精液大致相同，一般需配置专用的生产设备，包括精液自动分装、封口和印字等系统。

三、同期发情技术

按照一定的程序对母羊进行激素类药物处理，使之在预定的时间内集中发情，其意义在于能显著地节省配种时间和缩短母羊产羔间隔。

（一）孕激素处理法

用外源孕激素维持黄体分泌孕酮的作用，对待处理的母羊使用孕激素，造成人为的黄体期而达到发情同期化。为了提高同期率，孕激素处理停药后，常配合使用能促进卵泡发育的孕马血清促性腺激素（PMSG）。

1. 常用药物　现在已能人工合成多种孕酮及其类似物制剂，主要有甲孕酮（MAP）、氯地孕酮（CAP）、氟孕酮（FLA）、18-甲基炔诺酮等。这些人工合成的孕激素，其功能与孕酮类似，仅其效率大于孕酮，同时有乳剂、丸剂、粉剂等不同剂型。

2. 药物用量　同种类药物的用量是：孕酮150～300毫克，甲孕酮40～60毫克，甲地孕酮80～150毫克，氟孕酮30～60毫克，18-甲基炔诺酮30～40毫克。

3. 给药方法　由于剂型不同，孕激素给药处理的方法有口服、肌肉注射、皮下埋植和阴道栓塞等。

（1）口服孕激素　每日将定量的孕激素药物拌匀在饲料内，通过母羊采食服用，持续12～14天，因此每日用药量除甲孕酮外应是前述药物用量的1/5～7/10，并要求药物与饲料搅拌均匀。最后一天口服停药后，随即注射孕马血清400～500单位。

（2）阴道栓塞法　将乳剂或其他剂型的孕激素按剂量制成悬浮液，然后用泡沫海绵浸取一定药液，或用表面敷有硅橡胶，包含一定量孕激素制剂的硅橡胶环构成的阴道栓，用尼龙细线把阴道栓连起来，放进阴道深处子宫颈外口，尼龙细线的另一端留在阴户外，以便停药时拉出栓塞物。阴道栓在10～14天取出。在取出栓塞物的当天可以肌肉注射孕马血清200～400单位或国产促卵泡激素30单位。

（3）皮下埋植法　将一定量的孕激素制剂装入管壁有小孔的塑料细管中，用专门的埋植器或兽用套管针将药管埋在羊耳背皮下，经过15天左右取出药物，同时注射孕马血清200～400单位。

（二）促进黄体退化法

应用前列腺素及其类似物使黄体溶解，从而使黄体期中断，停止分泌孕酮，再配合使用促性腺激素，引起母羊发情。

（1）前列腺素（PGF2α）的使用方法是直接注入子宫颈或肌肉注射。注入子宫颈的用量为1～2毫克；肌肉注射一般以两次肌肉注射为宜，两次间隔时间为8～11天，每次注射前列腺素10毫克。由于前列腺素有溶解黄体的作用，已怀孕母羊会发生流产，因此在确认母羊属于空怀时才能使用前列腺素处理。

（2）在实际生产中更多使用的是价格低廉、应用方便、效果较好的国产三合激素。其中每毫升含丙酸睾丸酮25毫克，黄体酮12.5毫克，苯甲酸雌二醇1.5毫克。每只皮下注射1毫升，一般处理后2~3天集中发情。

四、胚胎移植

胚胎移植就是把一头雌性羊的早期胚胎从输卵管或子宫内冲洗出来，移植到另一头雌性动物的输卵管或子宫内使其继续发育为胎儿。提供胚胎的个体称为供体，接受胚胎的个体称为受体。其目的是使生产性能差的雌性动物能生产出良种后代，迅速增加良种数量，大大提高繁殖效率和经济效益。

（一）胚胎移植的基本要求

1. 胚胎移植前后所处环境应具有同一性

（1）供体和受体动物在分类学上属于同一物种。

（2）供体动物和受体动物发情时间相同或相近，二者的发情同步差要求在24小时内。

（3）胚胎在移植后和移植前所处的空间部位相同。采自子宫角的胚胎必须移植到受体的子宫角，而不能移到输卵管。

2. 胚胎发育的期限　胚胎采集和移植的期限不能超过周期黄体的寿命，更不能在胚胎开始附植之时进行。而应在供体发情配种后3~8天内采集胚胎，受体也在相同的时间接受胚胎移植。

3. 胚胎质量　从供体体内采集的胚胎必须经过严格的鉴定，确认发育良好者才能移植。此外，在整个操作过程中，胚胎不应受任何不良因素的影响而危及生命力。

4. 供、受体的状况　供体羊的生产性能要高于受体羊，经济价值要大于受体羊。供、受体羊应健康无病，特别是生殖系统应具有正常的生理功能。

（二）供、受体羊的准备

1. 供体羊的选择　具有一定的遗传优势，生产性能高，经济价值大。具有良好的繁殖性能，繁殖史上没有遗传缺陷，生殖器官正常，无繁殖疾病，无难产或者胎衣不下现象，性周期正常，发病症状明显，营养状况良好。

2. 受体羊的选择　受体羊可选用非良种个体或土种羊，年龄一般2~4岁，应具备良好的繁殖性能和健康状态，而且体格大，产奶量高。肉山羊胚胎移植可选择奶山羊做受体，高产肉绵羊胚胎移植可选择小尾寒羊做受体。

（三）供体羊的超数排卵处理

超数排卵处理前使用的主要有促卵泡激素（FSH）、孕马血清（PMSG）、促黄体生成素（LH）和促性腺激素释放激素（GnRH）等，以促卵泡素较为常用。

超数排卵是一个极为复杂的过程，影响绵、山羊超排效果的因素也是多方面的，主要是品种、个体情况、环境条件、季节、年龄、超数排卵处理方式等。一般来说，高繁殖力品种超排效果高于低繁殖力品种。有一胎以上正常繁殖史的2~5岁健康羊，秋季天气凉爽时超排效果最佳。

（四）受体羊同期发情处理

受体羊与供体羊同时放置阴道栓，受体羊较供体羊提前半天撤栓，撤栓前12小时肌肉注射孕马血清或促卵泡激素。撤栓后开始试情、记录。

（五）供体羊采卵

采卵一般在供体羊配种后3～8天进行。输卵管采卵，较适宜的时间是在发情后37小时左右，此时受精卵处于2～8细胞阶段，子宫采卵的时间以发情后5～7天为宜，这时受精卵大都在子宫角内，处于桑葚胚或囊胚期。

（六）胚胎鉴定

将收集在凹面玻璃蒸发皿的回收液置于实体显微镜下，仔细观察，用吸卵管将胚胎移入盛有新鲜保卵液的检胚杯中，待全部胚胎检出后，进行净化处理，即将检出的胚胎移入新鲜的保卵液中洗涤2～3次，除去附着于胚胎上的杂质。然后对其进行质量鉴定，选出可用胚胎，贮存在新鲜的保卵液中，准备移植。

（七）胚胎移植

胚胎移植时要用无菌包装或经过消毒的移卵管，按空气—保存液—胚胎—保存液—空气的程序装入移卵管。移卵管插入子宫角后应该轻轻拉动一下，确认插入管腔内再推入胚胎。胚胎移植时还应注意，如果受体羊有一侧卵巢上有黄体，胚胎应当移到黄体同侧的子宫角中。如果移植到黄体对侧的子宫角，胚胎死亡率增高。在双侧卵巢都有黄体的情况下，应将胚胎分别移植于左右两侧；当一侧有一个大黄体或者有两个以上功能性黄体时，也可以在该侧移植两个有效胚胎。

第三节　提高肉羊繁殖力的措施

为了提高肉羊的繁殖力，用激素、营养方法和公羊效应等来控制发情，诱发母羊的发情，缩短妊娠和产羔间隔，以及通过早期断奶等繁殖技术，实行密集产羔，达到多产和提高受胎率的目的，已取得了明显的效果。

一、育种途径

（一）母羊在多胎遗传方面的作用

选择多胎性能的母羊是提高产羔率的有效途径。母羊产羔率与其女儿的产羔率呈强正相关，产羔数是预测繁殖力很重要的指标。从多胎母羊中不断选留优秀个体，可以获得具有多胎性能的繁殖母羊。实践证明，用出生时二羔羊或四羔羊的母羊留作种用，产羔率最高。

（二）公羊在多胎遗传方面的作用

不同公羊的女儿繁殖力不同，淘汰繁殖力低的公羊，对提高多胎有着决定性的意义。双胎公羊所配母羊的双羔率高于单胎公羊，而且双胎公羊所配母羊的双羔率是不同的，因此提高多胎性必须选择双羔公羊的多胎性较高者。

（三）正确选配

选用双胎公羊配双胎母羊和固定上年生双胎组合的方法，可有效地提高双羔率。从资料来看，除选留双胎公羊和双胎母羊选配外，选留双胎母羊留种对提高双羔率尤为重要。

（四）品种间或品系间杂交

兰德瑞斯羊和俄罗斯的罗曼诺夫及澳大利亚布鲁拉羊等多胎品种作为父系进行杂交，以增加产羔数，收到了良好的效果。我国的小尾寒羊和湖羊是多胎、早熟品种。小尾寒羊和湖羊，用杂交方法提高后代繁殖性能，效果非常显著。小尾寒羊与当地滩羊杂交，其杂交一代产羔率比同等条件下的滩羊提高60%以上。用无角陶赛特羊、德国美利奴羊、新西兰罗姆尼羊与小尾寒羊杂交，杂一代母羊产羔率达200%以上，由此可见，利用多胎基因，是提高繁殖力的一个切实可行的方法。

(五) 配种年龄与母羊繁殖力的关系

7~8月龄配种母羊与1.5岁配种母羊相比，繁殖力较高，而且在整个利用期间多产1.4~2.1只羔羊。在保证全价营养的饲养条件下，对体重不少于45千克、7~8月龄母羊可考虑配种。

二、饲养途径

营养条件与肉羊的繁殖力有着密切的关系，用能量、蛋白质、维生素和矿物质等营养不平衡的日粮饲喂肉羊，会严重地影响到肉羊的性细胞精子和卵子的形成，影响性细胞的数量和品质，不利于胚胎的发育。

(一) 营养水平是影响母羊产羔率的主要因素

1. 抓膘与配种前短期优饲相结合　生产实践证明，营养对羊只的繁殖力影响很大。全年使母羊保持中等以上的膘情，可使其发育正常。因此，要加强母羊日常饲养管理，配种前对母羊还要实行短期优饲，增加富含蛋白质的优质牧草和精料。这样不但能保持母羊发情正常，而且排卵数量增加，双胎率高。

2. 改善种公羊营养状况　种公羊的营养水平对母羊的受胎率和产羔率影响很大。为此，进入配种季节，要加强对种公羊的饲养，应用全价饲料饲喂种公羊，使种公羊性欲强、射精量多、精子密度大、活力强，易使母羊排的卵子受精，双胎率也高。

(二) 微量元素对母羊繁殖力的影响

微量元素对肉羊的繁殖力有很大的影响。随着配合饲料工业的发展，微量元素作为有效的添加剂成分已被广泛应用于肉羊养殖中。在现代科学营养中，微量元素的作用更为显著。

(三) 维生素对母羊繁殖力的影响

维生素对非配种季节的母羊发情率、产羔率也有相关影响。对绵羊繁殖率有影响的维生素主要有维生素A、维生素D、叶酸、胆碱和维生素E、维生素B_{12}、维生素B_3及维生素K等。对非配种季节的母羊注射维生素A、维生素D及维生素E，可使发情率提高至80%左右，受胎率为40%。

三、繁殖技术途径

(一) 发情控制

发情控制包括诱导发情、同期发情等技术措施，指在母羊乏情期间，借助外源激素等方法引起正常发情并进行配种，缩短母羊的繁殖周期，变季节配种为全年配种，实现密集产羔，达到1年2胎或2年3胎，提高母羊的繁殖力。发情控制可通过羔羊早期断奶、激素处理及生物激素等途径实现。

1. 应用激素　一些激素和药物可以促进母羊滤泡的发育、成熟和排卵。目前，这些激素和药物已广泛用于肉羊的生产中。如中国农业科学院兰州畜牧研究所研制的双羔苗，在配种前给母羊在其右侧颈部皮下注射，间隔21天再进行第二次相同剂量的注射，能显著地提高母羊的产羔率。利用孕马血清促性腺激素诱发肉羊超数排卵，黄体期开始(周期第3天)注射，促进母羊滤泡的发育、成熟和排卵。可消除季节性休情，使母羊全年发情配种，在对羔羊实行早期断奶的基础上，用孕激素处理断奶母羊，停药后注射孕马血清促性腺激素，即可引起发情排卵。

2. 生物激素　包括环境条件的改变及公羊性激素。环境条件的改变主要通过调节光照周期，使白昼缩短，达到发情排卵的目的。

通过在开始配种之前向母羊群引入公羊，使配种季节提前，缩短产后至排卵的间隔时间。

3. 同期发情　同期发情技术诱发群体母羊在较短的时间内集中发情，以合理组织配种，使产羔、育肥等过程一致，有利于肉羊集约化、工厂化生产。同期发情具体操作方法见第三章，此处不再详述。

4. 抓好发情配种　母羊的发情持续期较短。在繁殖季节，精心组织试情和配种，抓准发情母羊，防止漏配，是提高肉羊繁殖力和生产效率的关键。

（二）利用先进的受精技术提高受胎率

1. 肉羊人工授精技术　羊的人工授精技术对养羊业的发展起了巨大的推动作用，其最大的优点是增加公羊的配种头数。经过精心测定和选择的种公羊，使用人工授精技术扩大良种的推广利用面积，减少疫病的传播。采用人工授精技术，一只优秀公羊在一个繁殖季节可配300~500只母羊，有的达1 000只以上，对羊群的遗传改良起着非常重要的作用。

2. 腹腔镜子宫输精　近年来澳大利亚等国借用腹腔镜进行绵羊冷冻精液子宫内输精，受胎率较高。将母羊侧卧保定，剪去术部乳房前3~4厘米处腹毛，用碘酒消毒，在乳房前8~10厘米处用套管针将腹腔镜伸入腹腔，观察子宫角及卵巢排卵情况，在对侧相同部位再刺入一根套管针，把输精器插入腹腔，将精液直接注入两侧的子宫角内，输精完成后取出器械，母羊伤口消毒即可。

（三）胚胎移植

通过胚胎移植将良种母羊的胚胎移植到其他母羊体内，而不需要在供体内完成胚胎的后期发育，良种母羊减少了妊娠和哺乳的过程，缩短了繁殖周期。超数排卵的应用使一只优秀的母羊一次排出许多卵子，使供体繁殖后代的能力增加几倍甚至十几倍。因此，无论从一次配种或一生繁殖来看，都比自然状态下能多生产更多的后代，使母羊繁殖潜力得到充分发挥。

（四）实行密集产羔及早期断奶

增加适龄繁殖母羊（2~5岁）在羊群中的比例，也是提高羊繁殖力的一项重要措施。在进行肉用生产时，繁殖母羊的比例可保持在60%以上。另外，在气候和饲养管理条件较好的地区实行肉羊的密集产羔，也就是使母羊2年产3次改1年产2次羔。保证密集产羔的顺利进行，必须注意以下几点：首先选择健康结实、营养良好的母羊，母羊的年龄以2~5岁为宜，这样的母羊还必须是乳房发育良好，泌乳量比较高的。其次，母羊在产前和产后必须有较好的补饲条件。从当地具体条件和有利于母羊的健康及羔羊的发育出发，恰当而有效地安排好羔羊早期断奶和母羊的配种时间。早期断奶时间可根据不同生产需要与断奶后羔羊的管理水平来决定。1年2产的羔羊出生后半个月至一月龄断奶；2年3产的羔羊，产后2.5~3月龄断奶；3年5产的羔羊，产后2月龄断奶。进行早期断奶，必须解决人工乳及人工育羔等方面的技术问题。

第四章　肉羊营养需要及常用饲草料

第一节　肉羊营养需要与饲养标准

一、肉羊营养需要

肉羊营养需要分维持正常生命活动的维持需要和为了生产肉、毛（绒）、乳、产羔等的生产需要两大部分。这些营养需要的数量和质量水平，都受羊的种类（绵羊或山羊）、品种、性别、年龄、生理阶段、体况、生产性能、饲料品质、自然生态环境及饲养方式等诸多因素的影响。据此，人们为了科学合理的饲养肉羊并产生最佳生产效益，制定了肉羊在不同状态下的营养需要量或饲养标准。

肉羊需要的营养物质包括能量、蛋白质、脂肪、矿物质、维生素和水等。

（一）能量

能量主要由饲料中的碳水化合物、脂肪和蛋白质提供，而其中最主要能源为碳水化合物。碳水化合物又可根据功能分为可溶性糖、淀粉、半纤维素和纤维素。碳水化合物是肉羊最基本的营养需要，关系到肉羊生命的基础代谢及生产能力的高低，在体内为肉羊提供热能。碳水化合物占植物性饲料总干物质的75%左右。热能的大小，通常以消化能和代谢能来表示，不同状态的绵、山羊在不同生长时期需要的热能不同。有人试验研究认为，同品种公羊每千克增重需要的能量为母羊的0.82倍。

（二）蛋白质

蛋白质是生命之源，是构成机体组织和器官的重要成分，是机体内功能物质（如酶、激素、抗体等）和产品（肉、毛、乳）的主要组成物质，也是组织更新、修补的重要原料，对调节体内渗透压和水分分布起着重要作用。一般用粗蛋白质或可消化蛋白质表示。羊瘤胃微生物可将饲料氨化物合成菌体蛋白，在小肠分解吸收后使饲料中必需氨基酸在体内增加7~25倍。蛋白质含量过低满足不了肉羊需要，过多则不仅造成不必要的浪费，其代谢产物的排泄反而加重了肝脏和肾脏负担，甚至中毒。一般来说，中等体重的妊娠前期母羊每天粗蛋白供应约为0.95克，妊娠后期约为16.75克，对怀双羔母羊可适当提高8%~10%，青年头胎哺乳母羊需粗蛋白质约为成年母羊的70%。

（三）脂肪

脂肪是含能量最高的营养物质，是热能的主要来源。饲料中的脂肪被肉羊消化吸收后，可氧化供能，多余部分则转化为体脂肪储存。由于肉羊饲草料中含脂肪较少，故不是肉羊能量需要的主要来源。脂肪是构成机体组织的重要成分，所有器官都含有脂肪。脂肪为脂溶性维生素A、维生素D、维生素E、维生素K的溶剂，饲草料中长期脂肪缺乏时，可造成脂溶性维生素A、维生素D、维生素E的缺乏症，维生素K在瘤胃中可以合成，不易缺乏。

（四）矿物质

又称粗灰分、无机盐。矿物质占羊体组织的3%~6%，主要存在于骨骼（45%~70%）、血液（4%~5%）和肌肉（4%~6%）中。按照矿物质占动物体的比例多少，通常将矿物质分为常量元素（占0.01%以上）和微量元素（占0.01%以下）。常量元素有钙、磷、钾、钠、氯、镁、硫7种，微量元素有铁、铜、锰、锌、钴、碘、硒、钼、氟、钒、锡、镍、铬、硅、硼、镉、铅、锂和砷等19种。这些都是肉羊生长发育和生产所必需的，是组成体细胞、组织、器官及骨骼和体液的重要成分，肉羊缺乏矿物质会影响健康、生长发育、繁殖、产品产量与质量，甚至死亡。

1. 常量元素

（1）钙、磷　钙和磷是构成肉羊骨骼和牙齿的主要成分，二者正常比例应为（1.5~2）∶1，饲料中高钙、高镁不利于磷的吸收。钙、磷长期缺乏时，成年羊（特别是妊娠后期和哺乳前期）易患软骨（溶骨）症，羔羊易患佝偻病；反之，过量供应会影响肉羊对干物质的采食量。肉羊瘤胃微生物生长、繁殖，也会影响锌、锰、铜等微量元素的吸收。

（2）钾、钠、氯　这三者是维持肉羊体液渗透压、调节酸碱平衡和水代谢的主要矿物质。钾在神经和肌肉细胞的生理活动中发挥重要的作用。一般来说，植物饲料富含钾元素，苜蓿青干草含钾2%~4.5%，玉米青贮含钾1.1%~1.6%（按干物质计），一般谷类含钾1%~2%，豆类含钾量可达到6%~8%，一般情况下不会产生缺乏症。钠和氯常以无机盐的形式占饲料干物质1%左右（5~10克），氯还有参与胃液中盐酸形成、活化胃蛋白酶的作用。

（3）镁　镁是构成骨骼和牙齿不可缺少的成分之一，也是体内磷酸酶、氧化酶、激酶、肽酶、精氨酸酶等多种酶的活化因子，参与三大营养物质（碳水化合物、蛋白质、脂肪）代谢和遗传物质合成，调节神经肌肉的兴奋性等。包括肉羊在内的反刍动物需镁量高于非反刍动物4倍左右，加之饲料中镁的含量差异较大，又不易吸收，如羊的“青草搐搦症”即为一种低镁血病。

（4）硫　硫是形成优质羊毛（绒）必需的矿物元素，也参与氨基酸、维生素和激素的代谢作用。饲料干物质中硫、氮比应为1：（8~10）。在羊的饲养管理过程中，通常以硫酸钙、硫酸铵、硫酸钾及有机硫来补充饲料中硫的不足，据国内外许多研究结果表明，对羊来说，有机硫优于无机硫的补充效果。

2. 微量元素

（1）铜、钼　铜参与骨骼形成，以金属酶组成部分直接参与体内代谢，铜对羊毛（绒）弯曲的形成也有促进作用，缺铜影响铁的正常代谢，可导致生长停滞、流产和死胎；钼参与体内氧化、还原反应，对羔羊瘤胃微生物生长，提高粗纤维消化起着主导作用。钼和硫在体内可与铜形成不溶性复合物，而影响铜的吸收。通常补饲硫酸铜或含0.5%硫酸铜铵的食盐或在草地上施用含铜肥料解决缺铜问题。羊饲料干物质中铜与钼的适宜比例应为（5~10）：1。

（2）钴　钴参与血红素及红细胞形成和维生素B_{12}、瘤胃蛋白质合成。羊缺钴时生长发育受阻，生产性能降低，严重缺乏者可使母羊流产和育成羊死亡。一般可用氯化钴丸口服，每只每天1毫克，连用7天，间隔两周后重复用药，同时注射维生素B_{12}。

（3）碘　碘是甲状腺的重要成分，甲状腺分泌的甲状腺素参与体内代谢过程。缺碘使羊甲状腺肿大、羊体生长发育受阻，繁殖力降低。新生羔羊衰弱、无毛，通常可用含碘食盐补充不足。

（4）锰　锰对羊骨骼发育和繁殖力有影响。锰缺乏时羊繁殖性能降低，性比例失调。饲料中钙和铁的含量影响锰的需要量。

（5）锌　锌参与体内多种酶和激素的组成。对睾丸发育、精子形成和羊毛生长有重要作用。羊对日粮中锌的含量有调节吸收功能，一般情况下不会严重缺失。

（6）铁　铁主要参与血红蛋白的形成，也是多种氧化酶的细胞色素酶的成分。缺铁的典型症状是贫血。放牧肉羊一般不易缺铁，而哺乳羔羊和潮湿地区的羊易发生缺铁。通常以氧化亚铁等补充饲料中铁的不足。

（7）硒　硒是谷胱甘肽氧化酶及多种酶发挥作用的必需元素。硒不仅可以保持机体内的生物膜结构不受氧化损伤，对蛋白质的合成、糖代谢、生物氧化以及心脏的组织呼吸和能量储备等具有有益作用，而且对心脏有兴奋作用，可以提高羊的抗体水平，促进羊生长发育，提高繁殖性能和对各种营养物质的消化率，增强机体的非特异性免疫力，改善肺功能，也有助于缓解胃病，改善食欲。由此可见，硒在羊体内具有重要作用。缺硒可降低羔羊的生长速度和抗寒能力，地区性缺硒常致幼羊患白肌病；但硒过量可引起繁殖力下降、脱毛和蹄炎等中毒疾患。通常注射0.1%~0.2%亚硒酸钠2毫升（初生羔1毫升），即可达到补硒目的。

3. 肉羊对矿物质的需要量　肉羊对矿物质的需要量及中毒量，详见表4-1。

表4-1　肉羊对各种矿物质需要量和微量元素的中毒量

常量元素	需要量占日粮干物质%	微量元素	最低需要量（毫克/千克干物质）	最高中毒量（毫克/千克干物质）
钠	0.04~0.10	碘	0.10~0.80	8
氯	—	铁	30~50	—
钙	0.21~0.52	铜	5	8~25
磷	0.16~0.37	钼	0.5	5~20
镁	0.04~0.08	钴	0.1	100~200
钾	0.50	锰	20~40	—
硫	0.14~0.26	锌	35~40	1000
		硒	0.1	72

（五）维生素

维生素是需要量极微的低分子有机化合物，它不是形成机体各种组织、器官的原料，也非能量物质，主要以辅酶和催化剂形式广泛参与体内代谢的多种化学反应。维生素对维持肉羊的正常健康水平与各种活动具有重要作用。目前确定的维生素有14种，按其溶解性质分为脂溶性和水溶性维生素两类。脂溶性维生素有维生素A、维生素D、维生素E、维生素K 4种，水溶性维生素有B族维生素的B_1（硫胺素）、B_2（核黄素）、B_6、B_{12}及烟酸、泛酸、叶酸、生物素、胆碱和维生素C等10种。

1. 维生素A　维生素A是构成视觉细胞中感受弱光的视紫红质的组成成分，对维持黏膜上皮细胞的正常结构具有重要作用，并参与性激素合成。羊缺乏时则视力减退，夜盲，上皮组织增生、角质化，性机能减退、流产、胎衣不下等。维生素A存在于动物性产品中（鱼肝油含量最多），植物性饲料如胡萝卜、南瓜、甘薯、豆科牧草及青绿饲料中含胡萝卜素（维生素A原）较多，饲喂后在肉羊体内可转化为维生素A。

2. 维生素D　维生素D可促进钙、磷吸收与保持血中钙、磷的正常水平。缺乏时形成幼年羊佝偻病和成年羊的软骨症。羊皮肤分泌物含有7–脱氢固醇，皮肤经日光照射后即转化为维生素D，因此，放牧绵、山羊一般不会缺乏，舍饲羊需加强户外运动，可缓解缺乏症的发生。青草中含维生素D较多。

3. 维生素E　维生素E又名生育酚。属一种抗氧化剂，可增强羊的免疫力和抗应激作用，对公、母羊的繁殖性能有明显影响，羔羊缺乏时可导致白肌病（肌肉营养不良）。谷实饲料的种子胚（如小麦、稻米、玉米等）、青绿饲料及其青干草（以紫花苜蓿较多）中含维生素E丰富，青绿饲料（按干物质计）维生素E含量高于谷实饲料10倍以上。在日粮中添加0.1%~0.2%的维生素E亚硒酸钠可补充其不足。

4. 维生素K　维生素K可催化肝脏中凝血酶原和凝血因子的形成，具有凝固血液的作用。缺乏时，血液凝速显著减慢，引起出血不止。羊的瘤胃可合成足够需要量的维生素K，必要时可直接给羊补充维生素K。

5. 维生素B　维生素B的主要功能是作为辅酶催化三大营养物质的代谢反应。由于肉羊瘤胃微生物可合成维生素B，故除羔羊外，一般不易发生缺乏症。

6. 维生素C　维生素C又名抗坏血酸。维生素C参与细胞间质中胶原的合成，维持细胞、组织间功能的完整性；因具有抗氧化作用，所以可保护其他物质免受氧化。维生素C缺乏时，可引起机体周身出血、贫血、生长受阻、关节变软、牙齿松动等。妊娠哺乳母羊和甲状腺功能亢进时，因维生素C吸收减少而排泄量增加。处于高温、严寒、运输过程中的应激状态下，以及日粮能量、蛋白质、维生素E、硒、铁等不足时，需注意适量补充。舍饲肉羊在夏季高温下应补充维生素C。

（六）水

水是羊体必需的重要营养成分。肉羊体内含水量占体重的50%~60%。血液中含水量在80%以上，肌肉中含72%~78%，骨骼内含约45%。羊体各种营养物质的吸收、运转和代谢产物的排泄都须溶于水才能进行，水可调节体温、润滑关节与器官，因此，羊体时刻都不能缺水。羊体水的来源主要是自饮水、饲草料水和内源代谢水。羊每采食1千克饲料干物质需2~4千克水。以气温、饲草料种类、环境因素、羊的生理阶段、年龄、大小等影响而定。羊若体内损失10%的水分，将导致严重代谢紊乱；若达20%以上水分损失时，则会引发生命危险。

二、肉羊饲养标准

在了解肉羊对各种营养物质的需要机理及大体需要量基础上，按照对肉羊的生产实践经验和消化、代谢、饲养等试验结果，对不同品种、生产类型、体重、性别、年龄、生理状况及生产能力的绵羊、山羊制定的科学饲养日粮营养指标，即为饲养标准。饲养标准有助于科学、经济、有效地保持肉羊正常健康生理水平，提高肉羊生产性能，维持较高繁殖水平，提高饲料利用率，获取最佳经济效益。但饲养标准在执行中不是一成不变的，而应依据羊的总体情况及当地饲草料资源等，适当调整，灵活应用。由于我国目前尚无统一的肉羊饲养标准，这里借鉴美国和前苏联均在1985年修订的饲养标准，作为实际配合饲粮时的参考。

（一）绵羊饲养标准

不同羊的饲养标准分别见表4-2、表4-3、表4-4、表4-5和表4-6。

表4-2　美国绵羊的饲养标准（NRC，1985）

体重（千克）	增重（克/日）	干物质（千克）	总消化养分（千克）	消化能（兆焦）	代谢能（兆焦）	粗蛋白质（克）	钙（克）	磷（克）	有效维生素A（IU）	有效维生素E（IU）
母羊维持										
50	10	1.0	0.55	10.05	8.37	95	2.0	1.8	2 350	15
60	10	1.1	0.61	11.30	9.21	104	2.3	2.1	2 820	16
70	10	1.2	0.66	12.14	10.05	113	2.5	2.4	3 290	18
80	10	1.4	0.78	14.25	11.72	131	2.9	3.1	3 760	20
90	10	1.4	0.78	14.25	11.72	131	2.9	3.1	4 230	21
催情补饲——配种前2周和配种后3周										
50	100	1.6	0.94	17.17	14.25	150	5.3	2.6	2 820	26
60	100	1.7	1.00	18.42	15.07	157	5.5	2.9	2 820	26
70	100	1.8	1.06	19.68	15.91	164	5.7	3.2	3 290	27
80	100	1.9	1.12	20.52	16.75	171	5.9	8.6	3 760	28
90	100	2.0	1.18	21.35	17.58	177	6.1	3.9	4 230	30
非泌乳期——妊娠前15周										
50	30	1.2	0.67	12.56	10.05	112	2.9	2.1	2 350	18
60	30	1.3	0.72	13.40	10.89	121	3.2	2.5	2 820	20
70	30	1.4	0.77	14.25	11.72	130	3.5	2.9	3 290	21
80	30	1.5	0.82	15.07	12.56	139	3.8	3.3	3 760	22
90	30	1.6	0.87	15.91	13.25	148	4.1	3.6	4 230	24
妊娠最后4周（预计产羔率为130%~150%）或哺乳单羔的泌乳期前4~6周										

续表

体重（千克）	增重（克/日）	干物质（千克）	总消化养分（千克）	消化能（兆焦）	代谢能（兆焦）	粗蛋白质（克）	钙（克）	磷（克）	有效维生素A（IU）	有效维生素E（IU）
50	180（45）	1.6	0.94	18.42	14.25	175	5.9	4.8	4 250	24
60	180（45）	1.7	1.00	18.42	15.07	184	6.0	5.2	5 100	26
70	180（45）	1.8	1.06	19.68	15.91	193	6.2	5.6	5 950	27
80	180（45）	1.9	1.12	20.52	16.75	202	6.3	6.1	6 800	28
90	180（45）	2.0	1.18	21.35	17.58	212	6.4	6.5	7 650	30
育成母羊										
30	227	1.2	0.78	14.25	11.72	185	6.4	2.6	1 410	18
40	182	1.4	0.91	16.75	13.82	176	5.9	2.6	1 410	18
50	120	1.5	0.88	16.33	13.40	136	4.8	2.4	2 350	22
60	100	1.5	0.88	16.33	13.40	134	4.5	2.5	2 820	26
70	100	1.5	0.88	16.33	13.40	132	4.6	2.8	3 290	22
育成公羊										
40	330	1.8	1.10	20.93	21.35	243	7.8	3.7	1 880	24
60	320	2.4	1.50	28.05	23.03	263	8.4	4.2	2 820	26
80	290	2.8	1.80	32.66	26.80	268	8.5	4.6	3 760	28
100	250	3.0	1.90	35.17	28.89	264	8.2	4.8	4 700	30
肥育幼羊										
30	295	1.3	0.94	17.17	14.25	191	6.6	3.2	1 410	20

续表

体重（千克）	增重（克/日）	干物质（千克）	总消化养分（千克）	消化能（兆焦）	代谢能（兆焦）	粗蛋白质（克）	钙（克）	磷（克）	有效维生素A（IU）	有效维生素E（IU）
40	275	1.6	1.22	22.61	18.42	185	6.6	3.3	1 880	24
50	205	1.6	1.23	22.61	18.42	160	5.6	3.0	2 350	24

前苏联修订的绵羊饲养标准适用于舍饲羊，对放牧羊可增加15%~20%，高产母羊和育成羊可提高标准12%~15%。见表4-3。

表4-3　前苏联肉毛兼用品种母绵羊的饲养标准

体重（千克）	饲料单位（千克）	代谢能（兆焦）	干物质（千克）	粗蛋白质（克）	可消化蛋白质（克）	食盐（克）	钙（克）	磷（克）	镁（克）	硫（克）	胡萝卜素（毫克）	维生素D（IU）
空怀及妊娠前期12~13周												
50	0.95	10.5	1.45	140	85	10	5.3	3.1	0.5	2.7	10	500
60	1.05	12.1	1.60	150	90	12	6.2	3.6	0.6	3.1	12	600
70	1.15	13.0	1.70	165	100	13	7.0	4.0	0.7	3.5	15	700
妊娠最后6周												
50	1.25	15.3	1.60	200	120	11	8.4	3.8	0.8	4.9	20	750
60	1.35	16.0	1.70	210	130	13	9.5	4.5	0.9	5.6	22	900
70	1.45	17.2	1.80	230	140	15	10.3	5.1	1.0	6.3	25	1 000
泌乳前期6~8周												
50	2.00	21.0	2.10	310	200	14	10.0	6.4	1.7	5.4	15	750

续表

体重（千克）	饲料单位（千克）	代谢能（兆焦）	干物质（千克）	粗蛋白质（克）	可消化蛋白质（克）	食盐（克）	钙（克）	磷（克）	镁（克）	硫（克）	胡萝卜素（毫克）	维生素D（IU）
60	2.10	22.0	2.20	330	210	15	10.5	6.8	1.8	5.9	18	900
70	2.20	23.0	2.30	340	220	16	11.0	7.2	1.9	6.0	20	1 000
泌乳后半期												
50	1.45	17.2	1.80	220	135	12	7.5	4.8	1.3	4.8	12	600
60	1.55	18.4	1.90	225	145	14	8.5	5.2	1.5	5.2	16	700
70	1.65	19.2	2.10	240	155	16	9.5	5.8	1.6	5.8	18	800

表4-4　前苏联肉毛兼用品种育成绵羊的饲养标准

月龄	体重（千克）	平均日增重（克）	饲料单位（千克）	代谢能（兆焦）	干物质（千克）	粗蛋白质（克）	可消化蛋白质（克）	食盐（克）	钙（克）	磷（克）	镁（克）	硫（克）	胡萝卜素（毫克）	维生素D（IU）
育成母羊														
4~6	25~33	125	0.85	8.7	0.80	145	113	4	4.2	3.2	0.6	2.8	6	300
6~8	33~39	100	0.85	10.0	0.95	166	116	5	5.0	3.3	0.6	2.8	6	450
8~10	39~43	75	1.00	10.3	1.10	180	118	6	5.5	3.5	0.7	3.1	7	480
10~12	43~47	70	1.10	11.0	1.30	182	120	8	6.2	3.9	0.7	3.2	7	480
12~14	47~50	50	1.10	12.1	1.45	182	123	9	6.9	3.9	0.7	3.4	8	500
14~18	50~54	30	1.10	12.6	1.50	195	123	10	6.9	3.9	0.8	3.7	8	500

续表

月龄	体重（千克）	平均日增重（克）	饲料单位（千克）	代谢能（兆焦）	干物质（千克）	粗蛋白质（克）	可消化蛋白质（克）	食盐（克）	钙（克）	磷（克）	镁（克）	硫（克）	胡萝卜素（毫克）	维生素D（IU）
育成公羊														
4~6	27~37	170	1.00	10.3	0.9	168	130	5	5.7	3.8	0.7	3.2	9	400
6~8	37~46	150	1.05	12.0	1.1	195	140	6	6.0	4.8	0.8	3.5	9	500
8~10	46~54	130	1.20	12.6	1.2	220	150	8	6.8	4.8	0.9	3.9	9	500
10~12	54~59	90	145	14.9	1.55	240	160	9	7.8	5.3	1.0	4.6	10	680
12~14	59~65	90	1.60	16.0	1.75	260	175	10	8.4	5.6	1.1	4.9	11	750
14~18	65~77	100	1.75	16.6	1.95	285	190	12	8.9	5.6	1.1	5.0	12	800

表4-5　前苏联成年肥育绵羊的饲养标准（肉毛兼用品种）

体重（千克）	平均日增重（克）	饲料单位（千克）	代谢能（兆焦）	干物质（千克）	粗蛋白质（克）	可消化蛋白质（克）	食盐（克）	钙（克）	磷（克）	镁（克）	硫（克）	胡萝卜素（毫克）	维生素D（IU）
50	170	1.5	16.5	1.9	200	130	16	9.0	4.5	0.5	3.0	12	500
60	180	1.6	17.6	2.2	210	135	17	9.6	4.8	0.6	3.4	12	530
70	190	1.7	18.7	2.4	225	145	18	10.0	5.1	0.7	3.8	13	550
80	190	1.75	19.5	2.6	230	150	20	10.5	5.3	0.78	4.2	14	580

表4-6　前苏联幼龄肥育绵羊的饲养标准（肉毛兼用品种）

体重（千克）	平均日增重（克）	饲料单位	代谢能（兆焦）	干物质（千克）	粗蛋白质（克）	可消化蛋白质（克）	食盐（克）	钙（克）	磷（克）	镁（克）	硫（克）	胡萝卜素（毫克）	维生素D（IU）
30	150	1.1	12.0	0.95	155	105	6	5.7	3.3	0.6	3.3	6	450
40	150	1.4	13.5	1.25	180	120	8	6.0	3.7	0.7	3.7	7	480
50	150	1.5	16.5	1.45	200	135	9	7.2	4.1	0.7	4.1	8	500
60	150	1.8	19.0	1.60	220	145	10	8.3	4.2	0.8	4.2	8	500

（二）山羊饲养标准

不同类型和生理阶段山羊的饲养标准，分别见表4–7、表4–8、表4–9、表4–10、表4–11、表4–12和表4–13。

表4–7　舍饲育肥成年山羊的饲养标准（NRC）

体重（千克）	消化能（兆焦）	可消化蛋白质（克）	钙（克）	磷（克）	维生素A（IU）	维生素D（IU）	干物质（千克）
30	6.66	35	2	1.4	900	195	0.65
40	8.29	48	2	1.4	1 200	243	0.81
50	9.80	51	3	2.1	1 400	285	0.95
60	11.22	59	3	2.1	1 600	327	1.09
70	12.60	66	4	2.8	1 800	369	1.23
80	13.90	73	4	2.8	2 000	408	1.36

表4–7饲养标准是在舍饲条件下，活动量最小并针对妊娠早期的成年山羊制定的。表中各体重山羊干物质需要量占体重的比例依次分别为2.2%、2.0%、1.9%、1.8%、1.8%、1.7%。具体使用时可根据情况灵活掌握。

表4–8　不同放牧强度下育肥成年山羊的饲养标准（NRC）

体重（千克）	消化能（兆焦）	可消化蛋白质（克）	钙（克）	磷（克）	维生素A（IU）	维生素D（IU）	干物质（千克）
活动量较低（集约化经营的草原地区）							
30	8.33	43	2	1.4	1 200	243	0.81
40	10.43	54	3	2.1	1 500	303	1.01
50	12.22	63	4	2.8	1 800	357	1.19
60	14.02	73	4	2.8	2 000	408	1.36
70	15.74	82	5	3.5	2 300	462	1.54
80	17.41	90	5	3.5	2 600	510	1.70

续表

体重（千克）	消化能（兆焦）	可消化蛋白质（克）	钙（克）	磷（克）	维生素A（IU）	维生素D（IU）	干物质（千克）
活动量中等（半干旱丘陵草原地区）							
30	9.96	52	3	2.1	1 500	294	0.98
40	12.43	64	4	2.8	1 800	363	1.21
50	14.69	76	4	2.8	2 100	429	1.43
60	16.83	87	5	3.5	2 500	492	1.614
70	18.92	98	6	4.2	2 800	552	1.84
80	20.85	108	6	4.2	3 000	609	2.08
活动量大（干旱、植被稀少的山区草原地区）							
30	11.64	60	3	2.1	1 700	342	1.14
40	14.48	75	4	2.8	2 100	423	1.41
50	17.16	89	5	3.5	2 500	501	1.67
60	19.63	102	6	4.2	2 900	576	1.92
70	22.06	114	6	4.2	3 200	642	2.14
80	24.32	126	7	4.9	3 600	711	2.37

表4-8中，不同活动量山羊的干物质采食量占活重的平均比例为：活动量低时2.4%，活重量中等时2.9%，活动量大时3.3%。

表4-9 不同增重水平的肉山羊饲养标准（NRC）

体重（千克）	消化能（兆焦）	可消化蛋白质（克）	钙（克）	磷（克）	维生素A（IU）	维生素D（IU）	干物质（千克）
50	1.84	10	1	0.7	300	54	0.18
100	3.68	20	1	0.7	500	108	0.36
150	5.53	30	2	1.4	800	162	0.54
200	7.37	40	2	1.4	1 000	216	0.72

表4-10　肉用山羊产奶的饲养标准（NRC）

乳脂率（%）	消化能（兆焦）	可消化蛋白质（克）	钙（克）	磷（克）	维生素A（IU）	维生素D（IU）
2.5	6.15	42	2	1.4	3 800	760
3.0	6.24	45	2	1.4	3 800	760
3.5	6.32	48	2	1.4	3 800	760
4.0	6.40	51	3	2.1	3 800	760
4.5	6.49	54	3	2.1	3 800	760
5.0	6.59	57	3	2.1	3 800	760
5.5	6.66	60	3	2.1	3 800	760
6.0	6.94	63	3	2.1	3 800	760

我国目前仍无山羊羔羊育肥饲养标准，推荐前苏联制定的标准，供参考。

表4-11　羔羊中等速度的育肥标准（7~11月龄）

体重（千克）	饲料单位（千克）	可消化蛋白质（克）	食盐（克）	钙（克）	磷（克）	胡萝卜素（毫克）
20	0.7~0.9	75~100	5~8	2.5~3.5	1.9~2.2	4~6
30	1.0~1.15	75~120	5~8	3.6~4.5	2.1~2.5	5~7
40	1.3~1.5	100~125	5~8	4.8~5.6	2.4~2.8	6~8
50	1.45~1.7	115~130	5~8	5.0~6.0	2.7~3.5	7~9

表4-12　羔羊强度育肥标准

月龄	体重（千克）	饲料单位（千克）	可消化蛋白质（克）	食盐（克）	钙（克）	磷（克）	胡萝卜素（毫克）
1	12	0.12	10	—	—	—	—
2	18	0.32	40	3~5	1.4	0.9	4
3	25	0.75	100	2~5	3.0	2.0	5
4	32	1.00	150	3~5	4.0	2.5	7
5	39	1.20	140	5~8	5.0	3.0	8
6	45	1.40	130	5~8	5.2	3.2	9

种公羊饲养标准一般可参考乳用山羊种公羊饲养标准，如表4–13所示。

表4–13　种公羊饲养标准

活重（千克）	饲料单位（千克）	能量（兆焦）	可消化蛋白质（克）	钙（克）	磷（克）	食盐（克）
非配种期						
55	0.8	4.73	80	8	4	12
65	1.0	5.90	100	8	4	12
75	1.2	9.12	120	9	5	12
85	1.4	8.29	140	9	5	12
95	1.6	9.46	160	10	5	12
105	1.8	10.67	180	10	6	12
115	2.0	11.85	200	11	6	12
125	2.2	13.02	220	11	6	12
配种期（每日采精2~3次）						
55	1.5	8.87	160	9	6	15
65	1.6	9.46	180	9	6	15
75	1.7	10.05	200	10	7	15
85	1.8	10.67	200	10	7	15
95	1.9	11.26	240	11	8	15
105	2.0	11.85	260	11	8	15
115	2.2	13.02	280	12	9	15
125	2.4	14.23	300	12	9	15

第二节　肉羊生产常用饲草料及其利用

一、常用饲草料及饲用要点

肉羊生产常用饲草料分为以下7种：青饲料、青贮饲料、粗饲料、能量饲料、蛋白质饲料、矿物质饲料和添加剂饲料。

（一）青饲料

1. 营养特点

（1）含水量较大，干物质较少。青饲料含水量为70%~85%，而水生饲料则可达90%以上。

（2）蛋白质含量较高，品种优良，容易消化吸收。一般禾本科牧草与叶菜类饲料的粗蛋白质含量为1.5%~3%，豆科青饲料为3.2%~4%。

（3）维生素种类多，含量大，是肉羊维生素营养的主要来源。

（4）含钙、磷、钾较多，氯和钠较少。

（5）含无氮浸出物较多，粗纤维较少。

2. 饲用要点

（1）饲用价值　青饲料的饲用价值与其种类和生长发育期有很大关系。一般来说，随着青饲料逐渐粗老，其营养价值和饲用价值则降低。

（2）饲用方法　青饲料可以青饲、青贮、放牧，也可晒制青干草饲喂。

（3）饲用时应注意的问题　青饲料应及时饲喂或加工调制，以保持其新鲜度，不能饲喂沤烂变质的青饲料。有些青饲料含草酸较多，容易同饲料中的钙结合生成难以溶解的草酸钙，影响钙的吸收，因此，对于羔羊应控制青饲料喂量；有些青饲料含的硝酸盐较多，在一定条件下可转化为亚硝酸盐，能引起羊的亚硝酸盐中毒。

（二）青贮饲料

青贮饲料是利用微生物的发酵作用，达到长期保存青绿饲料营养特性的一种饲料。即通过微生物（主要是乳酸菌）的厌氧发酵，使原料中所含的糖分转化为有机酸（主要是乳酸），当乳酸在青贮原料中积累到一定浓度时，可抑制其他微生物活动，并制止原料中养分被微生物分解破坏，而使其得到很好的保存。乳酸在发酵过程中产生大量热能，当青贮原料温度上升到50℃时，乳酸菌停止活动，也意味着发酵结束。由于青贮原料是在密闭且微生物停止活动的条件下贮存的，因此可以长期保存不变质。详见本章第三节——饲草料的加工调制。

（三）粗饲料

包括收获后的作物秸秆和秕壳、青干草、干树叶、糟渣类等。这类饲料干物质中含粗纤维18%以上。

1. 营养特点

（1）含水分少，干物质多。干物质中粗纤维含量高，人工晒制的青干草中粗纤维含量为25%~30%，农作物秸秆和秕壳中粗纤维含量高达35%~45%。

（2）粗蛋白质含量差异较大。农作物秸秆和秕壳中的粗蛋白质含量比青干草低，品质差、难消化。如豆科青干草含粗蛋白质10%~20%，禾本科青干草含6%~10%，而禾本科秸秆和秕壳仅含3%~5%。

（3）含钙较多，磷较少。

（4）维生素含量差异很大（占干物质0.02%~0.16%）。秸秆和秕壳除含少量维生素D外，其他维生素含量很少。优质青干草含有较多的胡萝卜素和维生素D，粗饲料中缺乏维生素C、维生素E和维生素B_2等。

2. 饲用要点　粗饲料难以消化，营养价值低，合理利用饲料的关键是要进行科学调制。在瘤胃微生物的作用下，肉羊能够有效地利用粗饲料。

（1）粗饲料在不同收割时期和加工调制技术的不同，其营养价值相差很大。如晒制青干草时，应做到按时收割和适时晒制，注意保护叶片少受损失，因为叶片的营养价值高于茎秆。

（2）对粗饲料要精心加工调制，采用科学的调制方法，以改善其适口性和提高消化率。稻、麦等秕壳有芒，喂前应湿润或浸泡。

（3）秸秆和秕壳的净能含量很低，而体积较大，应搭配一定数量的能量浓缩饲料。

（4）秸秆和秕壳所含的粗蛋白质、钙、磷和维生素不足，应搭配这些营养价值较丰富的饲料。豆科籽实的荚皮含可消化蛋白质4%左右，是冬、春季肉羊良好的补充粗饲料。

（5）粗饲料可使羊产生饱感。同时，粗饲料可刺激胃肠蠕动和分泌消化液，因此不宜加工成过细的粉料。

（四）能量饲料

能量饲料包括禾本科籽实、块根、块茎、瓜类饲料、加工副产品等。这类饲料每千克干物质中含消化能在1.05×10^7焦耳以上，粗纤维低于18%，粗蛋白低于20%。

1. 禾本科籽实饲料

（1）营养特点：

①含有大量的无氮浸出物，主要是淀粉，占干物质的70%～80%，所以适口性好，消化率较高。

②粗蛋白质含量较少，一般为8%～12%。缺乏赖氨酸和色氨酸。

③粗脂肪含量仅1.5%～2%，而玉米和小米（粟）的脂肪含量较高，为4%～5%。

④含磷多（占干物质0.31%～0.45%）、钙少（占干物质0.1%以下）。

⑤含有丰富的维生素B_1与维生素E，缺乏胡萝卜素、维生素D和

维生素C等。

⑥晒干的籽实含水量为12%~14%。容易贮藏，干物质多，营养丰富。

（2）饲用要点：

①应与豆科类饲料搭配饲用，达到营养互补。

②以粉碎成大、中榛子状为宜。过小呈粉状，不利于消化吸收，反而易引发肉羊消化不良；不提倡整粒饲喂肉羊，因为这样会降低籽实饲料的消化、吸收效率。

③肉羊应在饲喂一些粗饲料后饲喂，不宜空腹饲用。

④对变质发霉具有异味的籽实饲料不能饲喂，更不能喂后饮水。

2. 块根、块茎、瓜类饲料　块根类主要包括红薯（红苕、甘薯）、甜菜、胡萝卜等，块茎类主要包括马铃薯（洋芋）、菊芋等，瓜类主要包括南瓜等。这类饲料又称多汁饲料。

（1）营养特点：

①多汁饲料含水分较多，一般为70%~90%，干物质少，能量较低。

②干物质中主要是淀粉和糖，纤维素通常在10%以下，不含木质素。

③粗蛋白质含量低，仅占1%~2%，其中约半数为氨化物。

④矿物质含量差异较大，一般含钾丰富，缺乏钙、磷和钠。

⑤维生素含量与其种类及品种有很大关系，大多数缺乏维生素D。

（2）饲用要点：

①多汁饲料清脆多汁，味甜适口，有机物质消化率可达80%以上。

②此类饲料饲喂时要注意中毒病的发生，如红薯黑斑、马铃薯

龙葵素、软腐病等中毒。

③饲喂时要注意蛋白质饲料、能量饲料和钙、磷等矿物质的合理搭配，饲料饲喂次序应依不同种类而科学安排。

3. 加工副产品饲料　农作物籽实经加工处理后，剩余的各种副产品主要为糠、麸、糟、渣类，大部分可以用作饲料，其营养成分和营养价值因加工的原料和方法不同而存在较大差异。

（1）米糠　米糠是粗米加工成白米时分离出来的种皮、淀粉层与胚三种物质的混合物。一般分统糠和细米糠两种。

统糠包括稻壳、果皮、种皮和少量碎米。含粗纤维较多，营养价值较低。喂羊用量不宜超过日粮的30%，并应补充蛋白质饲料。

细米糠是在精光大米粒时所得到的细粉状副产品。细米糠中所含的粗纤维只有统糠的1/3，维生素B族和磷的含量较高，营养价值较高。细米糠中钙含量很少，在饲喂肉羊时应注意补充。

（2）麸皮　又称麦麸。是小麦磨粉后的副产品，包括种皮、淀粉层与少量的胚和胚乳。麸皮的营养价值因所含胚和胚乳的多少有很大关系，麸皮同小麦相比，除无氮浸出物（主要指淀粉）较少外，其他有机营养成分皆比小麦籽实高，所含赖氨酸和色氨酸较多，而蛋氨酸较少。麸皮中B族维生素含量很高。麸皮中钙、磷比例不平衡，通常磷是钙的5～6倍，因此要注意日粮中钙的补充。使用混合料饲喂肉羊时麸皮用量以占日粮的10%～20%为宜。

（3）玉米皮　玉米皮是玉米粒碾碎时分离出来的副产品，包括外皮和部分胚乳，其蛋白质含量很少，粗纤维较多。

（4）粉渣　粉渣是制作粉条和淀粉后的副产品。粉渣的营养价值与原料有很大关系，以禾本科籽实和薯类为原料的粉渣含淀粉和粗纤维多，以豆科籽实为原料的粉渣含蛋白质多，但各种粉渣都缺乏钙和多种维生素，饲用时注意搭配其他饲料。原料霉烂或粉渣腐败变质，不能饲喂羊，以防中毒。放置过久或酸度过大的粉渣，可用1%~2%的石灰水处理后再饲喂。

（5）豆腐渣　豆腐渣是制作豆腐后的副产品。干豆腐渣含粗蛋白质25%左右，缺乏维生素和矿物质。豆腐渣含水分高，容易酸败。饲喂过多易引起拉稀，应煮熟后喂，并注意搭配青饲料和矿物质饲料。

（6）甜菜渣　甜菜渣是甜菜加工制糖后的副产品。新鲜甜菜渣含水量多，因粗蛋白质含量少，故营养价值较低。但其适口性较好，也是一种很好的能量饲料。甜菜渣钙含量较高，缺乏维生素。因其含有大量的游离有机酸，喂量过大时容易引起肉羊下痢。用干甜菜渣喂羊，喂前必须加2~3倍水浸泡数小时。直接饲喂干甜菜渣容易引起肉羊腹部膨胀、疼痛等，同时在饲喂时应注意补充蛋白质饲料和维生素类饲料。

（7）酒糟（酒渣）　酒糟是制酒后的副产品。其营养价值随原料不同而有较大差异。总的来说，以粮食为原料的比以薯类为原料的酒糟营养价值高。酒糟含无氮浸出物少，其中的淀粉大部分变成酒精被提取，故蛋白质含量相对提高。酒糟中B族维生素和磷的含量很丰富，但缺乏胡萝卜素、维生素D和钙。

用酒糟喂羊，由于其含有酒精和醋酸，喂量过大，会引起孕羊流产、死胎。所以生产中使用时最好配合16%~20%的精饲料和一定数量的青粗饲料（55%~60%）。如冬季要使用酒糟喂羊，应加热到20~25℃饲喂，效果较好。

（五）蛋白质饲料

蛋白质饲料包括植物性、动物性和微生物蛋白质饲料3类，此类饲料粗纤维低于18%，粗蛋白质在20%以上。

1. 豆科籽实饲料

（1）营养特点

①蛋白质含量较高。一般占干物质的20%~40%，有的粗蛋白质可达50%，比禾本科籽实多1~3倍。蛋白质品质较好，赖氨酸、蛋氨酸、精氨酸和苯丙氨酸等均多于禾本科籽实。

②除大豆、花生中粗脂肪含量较高外，其他与禾本科籽实相近，约为2%。

③无氮浸出物和粗纤维比禾本科籽实少，前者一般为30%~65%，后者为5%左右，易消化。

④矿物质中钙、磷较禾本科籽实饲料多，但磷多钙少，比例不当。

⑤含有少量的维生素B_1和维生素B_2，缺乏胡萝卜素和维生素C。

（2）饲用要点　在本章第三节中肉羊饲草料的加工调制部分对豆科籽实饲料将做详细论述，此处不再详述。

2. 油（豆）饼类饲料　油（豆）饼类饲料是油料作物籽实或经济作物籽实榨油后的副产品，来源广，数量大，是价格低廉的一种蛋白质饲料。试验指出，用油（豆）饼肥田，其中氮的利用率只有喂羊时利用率的1/3~1/2。所以，应当提倡油（豆）饼先喂羊，后肥田，实行“过腹还田”，充分发挥其增产效益。

（1）营养特点

①油（豆）饼类饲料粗蛋白质含量高，一般为30%~40%（其中95%的氮属真蛋白）。必需氨基酸较完善。

②此类饲料粗脂肪含量随加工方法不同而存在差异。一般情况下，使用压榨法获得的油（豆）饼类饲料粗脂肪含量为4%~7%，而浸出法仅为1%左右。

③油（豆）饼类饲料中无氮浸出物为25%~30%。粗纤维含量与加工时是否带壳关系很大，去壳者粗纤维一般为6%~7%，而带壳者高达20%左右。

④矿物质含量比籽实饲料少，与秸秆类粗饲料相近，磷多钙少。

⑤B族维生素较丰富，胡萝卜素含量很少。

（2）饲用要点：

①大豆饼的营养价值和消化率都高，粗蛋白质约占40%以上。一般用量占日粮10%~25%，但不宜多用，否则，羊体脂肪会变软。

②棉籽饼含粗蛋白质仅次于大豆饼，但蛋氨酸和色氨酸高于豆饼，赖氨酸、维生素A和维生素D则缺乏，钙含量低。棉籽饼含有毒物质棉酚，一般不宜超过日粮8%~10%。喂前可在80~82℃下加热6~8小时，或发酵5~7天，或每100千克饲料中加1千克硫酸亚铁，溶于100千克水中24小时后饲喂。这些方法都可去毒达80%~95%。

③菜籽饼含粗蛋白质34%~38%，赖氨酸和烟酸丰富。菜籽饼含一种芥酸（芥子甙），饲喂后，在体内会产生含毒性的硫氨酸酯，一般宜占日粮7%以下。可采用坑埋法脱毒：坑宽0.8米，深0.7~1米，饼渣与水等量，坑埋60天，脱毒率85%~90%。此法易行，蛋白质损失少。也可用市售的专用脱毒剂。

④亚麻仁饼含一种苷配醣体，饲喂后，在体内也会产生毒性，应将饼渣用开水煮几分钟脱毒。一般宜占日粮7%以下。

⑤葵籽饼也和其他饼类饲料一样，一般以占日粮5.5%~11%为宜。

3. 动物性饲料　肉羊饲料一般不多用。动物性饲料的特点是：粗蛋白质含量高，品质好；生物学价值高，无纤维素，钙、磷比例适当，富含B族维生素，特别是维生素B_{12}含量高，易消化吸收等。若需使用时，其产品必须符合饲料安全卫生标准要求。在此不多详述。

4. 微生物性饲料　这类饲料蛋白质含量很高（40%~50%），其中真蛋白占80%。品质介于动物性蛋白质饲料与植物性蛋白质饲料之间。

（六）矿物质饲料

矿物质饲料种类很多，有的矿物质饲料较单纯，有的含多种元素。将几种矿物质饲料配合在一起，以达到一个共同目的的混合物，叫做复合矿物质饲料。如由硫酸亚铁、硫酸铜与氯化钴等配制而成的复合矿物质饲料，市售的各种羊用微量元素添加剂等。常用的矿物质饲料有以下几种：

1. 食盐　食盐是羊饲料中重要的矿物质之一。可补充羊对钠和氯的需要，对调节机体渗透压、维持体液平衡有重要作用，可提高饲料的适口性，增加采食量。一般占精料补充料的1%~2%。另有硒碘盐，可同时补充饲料中微量元素硒、碘量的不足。

2. 贝壳粉　贝壳粉是由贝壳和螺壳等磨制而成。主要成分是碳酸钙，含钙量为38%左右。

3. 石灰石粉（石粉）　石灰石粉是由石灰石磨制而成。主要成分是碳酸钙，含钙32%左右，还含有少量的铁和碘等。可代替蛋壳粉或贝壳粉。

4. 白垩粉　白垩粉是海生动物贝壳在地层中沉积变化而成的矿物质。主要成分是不纯净的碳酸钙，含钙40%左右。

5. 脱氟磷酸钙　脱氟磷酸钙是天然磷酸钙去氟处理后的产物。含钙约28%，磷14%左右，含氟不得超过400毫克/千克。

（七）添加剂饲料

添加剂饲料属非常规性饲料。它对维持肉羊日粮的全价性，保护饲料品质，促进肉羊生长和预防疾病等起着重要的作用。添加剂类饲料用量虽少，但作用很大。在使用时注意不同羊只、添加方式、时间及配伍禁忌；特别要求用量准确，严格按规定量添加，超用量则易中毒；搅拌均匀后饲喂，及时观察饲喂后肉羊的反应；添加剂饲料应存放在干燥、低温、阴凉、通风处，以防变质。

肉羊添加剂饲料一般包括营养性和非营养性添加剂两类。

1. 营养性添加剂　具有营养作用的添加剂主要有以下几种。

（1）维生素添加剂　常用的有维生素A、维生素D、维生素E、维生素K、维生素B_1、维生素B_2、维生素B_6、维生素B_{12}、维生素B_3（烟酸）、维生素B_4、维生素B_5（泛酸）、维生素B_{11}（叶酸）、维生素H（生物素）等添加剂。

（2）微量元素添加剂　微量元素添加剂分为单元和多元微量元素添加剂两种，单元微量元素添加剂只针对某一特定地区或部分特定羊使用，补充其对某种微量元素的缺乏；多元微量元素添加剂在生产中应用较多，适用于大部分肉羊饲养区域。

（3）氨基酸添加剂　如补充植物性饲料缺少的蛋氨酸和赖氨酸等必需氨基酸。

（4）非蛋白氮添加剂　常用的有尿素、缩二脲（双缩脲）、磷酸氢二铵、氯化铵等，均属非蛋白氮饲料。

2. 非营养性添加剂　这类添加剂的作用是促进代谢、驱虫、防病，还可对饲料起保护作用。主要有抗菌素添加剂、促生长添加剂（如激素类、砷制剂、铜制剂等）、保护剂（如防脂肪氧化变质的抗氧化剂：丁基羟基苯甲醚、二丁苯羟甲苯、乙氧喹等）、饲料防腐剂（如丙酸钙、丙酸等）、着色剂和矫味剂等。

二、饲料配合

（一）配合饲料的种类

1. 按组成内容　可分为全价配合饲料（或完全配合饲料）、添加剂预混料、平衡用混合料和精料混合料等。

2. 按成品形式　可分为粉状饲料、粒状饲料、颗粒饲料、液体饲料和膨化饲料等。

3. 按肉羊生长发育阶段　可分为代乳料、羔羊料、生长期料、育肥料等。

（二）配合饲料的优点

1. 节省饲料，提高饲料转化率　配合饲料是按照肉羊的营养需要和饲料的营养价值、特性等进行科学配合，由于营养上的互补作用，使饲料的有效利用率大大提高，从而达到节省饲料的目的。

2. 缩短肉羊育肥期，节约开支　饲喂配合饲料的肉羊，生长育肥效果比常规饲料好，一般可缩短育肥期2~4个月。因此，减少了肉羊维持消耗，有效提高圈舍的利用率，减少开支，降低成本。

3. 合理利用饲料资源使用　配合饲料可以充分利用工农业副产品，解决肉羊某些营养物质来源缺乏的问题。

4. 有利于饲料添加剂的有效利用　在配合饲料中添加饲料添加剂，可延长饲料保质期，提高饲料质量，有利于羊群整体品质和生产水平的提高。

5. 适合于规模化、标准化及集约化肉羊生产　配合饲料用量少，使用安全，易保管，运输方便，可节省劳力，降低费用，适合于规模化、标准化及集约化肉羊生产。

（三）配合饲料的基本原则

1. 必须以饲养标准为依据，确定营养指标　配合饲料要符合羊体在各个时期的生理与营养需要。选择饲养标准要结合当地实际情况，如气候、季节、饲养方式、羊舍构造、饲养密度、饲料条件、品种、生长速度、管理经验等，适当加以调整，不能生搬硬套。

2. 考虑经济原则，选用适宜的饲料　要充分利用当地饲料资源，就地取材，因地制宜，主要的饲料原料尽可能利用当地的饲料资源，最大限度降低饲料成本，并结合先进饲养经验科学配合饲料。

3. 饲料品质及适口性要好　饲料品质不良或适口性差的日粮，羊只不愿采食，同样不能满足营养需要，不能发挥其生产潜力。所有饲料质地要好，不含泥、沙等异物，并应保证无毒、无害、无霉、未污染等，同时要注意饲料的其他特点，如考虑某类饲料配合比例过大是否引起消化不良等。

4. 一定要考虑采食量与饲料体积的关系　精饲料和粗饲料要搭配适当，既要能使肉羊产生饱感，又能满足羊的营养需要。

5. 有利于羊体健康　如长期给羊饲喂干草等粗饲料容易发生便秘，因此宜在配合饲料中加入麦麸、油（豆）粕等轻泻饲料；同样，过多饲喂精料亦会患消化及代谢性等疾病。总之，要以保护与增进羊的健康水平为前提。

（四）肉羊日粮配合方法

日粮配合的方法较多，主要有试差法、对角线法（百分比法）、公式法（方程式法）和计算机法等。现将最常用且易推广应用的试差法简介如下。

现以体重60千克，哺乳期日产奶量1.2千克，活动量中等，日增重50克的舍饲同羊为例，设计日粮配方。现有饲料及其营养成分见表4–14。

表4–14　现有饲料及营养成分

饲料	干物质（千克）	代谢能（兆焦/千克）	粗蛋白质（克）	钙（克）	磷（克）
青贮玉米	22.7	1.88	16	1.0	0.6
野干草	90.6	6.57	89	5.4	0.9
玉米	88.4	12.64	86	0.4	2.1
麸皮	88.6	9.08	144	1.8	7.8
豆饼	90.6	13.10	430	3.2	5.0
骨粉	91.0	0	0	318.2	133.9
石粉	97.1	0	0	394.9	0

1. 查同羊的饲养标准　因同羊目前国内尚无饲养标准，故参考中国美利奴羊的标准。根据体重和生产力，查该羊每天对各种养分的总需要量，见表4–15。

表4–15　饲养标准

项目	干物质（千克）	代谢能（兆焦/千克）	粗蛋白质（克）	钙（克）	磷（克）
总营养需要量	2.1	20.93	296	12.9	8.2

2. 首先满足粗饲料的需要量　羊日粮中干物质的50%以上来自于粗饲料。干物质的需要量一般为羊体重的3%~4%，干草应占粗饲料的1/3。如果添加尿素，其喂量一般为羊体重的0.02%~0.05%，或占混合精料干物质的1%。根据上述条件和要求，则该羊粗饲料干物质量应在1.05（2.1×0.5）千克以上。如果每天饲喂0.5千克野干草和3千克青贮玉米，则羊从中可获得的营养物质如表4–16所示。

表4–16　同羊每日可获营养物质量

饲料数量（千克）	数量	干物质（千克）	代谢能（兆焦/千克）	粗蛋白质（克）	钙（克）	磷（克）
野干草	0.5	0.45	3.27	44.5	2.79	0.45
青贮玉米	3.0	0.68	5.65	48.0	3.00	1.80
合计	3.5	1.13	8.92	92.5	5.79	2.25
差值		–0.97	–12.01	–203.5	–7.20	–5.95

3. 用精料补充营养不足部分　根据饲料来源、价格及实践经验，先初步拟定一个较满意的混合料配方。假设混合料中含玉米50%、麸皮30%、豆饼17%、骨粉2%、食盐1%，然后计算每千克混合精料中的养分含量，并根据所缺能量计算混合精料的用量为2.87/2.69=1.07千克。计算由1.07千克混合精料提供的各种养分含量，如表4–17所示。

表4-17　初拟混合精料的养分含量

项目	干物质（千克）	代谢能（兆焦/千克）	粗蛋白质（克）	钙（克）	磷（克）
玉米（50%）	0.44	6.32	43.0	0.20	1.05
麸皮（30%）	0.27	2.72	43.2	0.54	2.34
豆饼（17%）	0.15	2.22	73.1	0.54	0.85
骨粉（2%）	0.02	0	0	6.36	2.68
食盐（1%）	0.01	0	0	0	0
合计（每千克）	0.89	11.26	159.3	7.64	6.92
1.07千克精料	0.95	12.06	170.45	8.17	7.40

4. 检查初拟饲料配方的营养成分　计算初拟配方精、粗饲料中的养分含量，并与饲养标准比较（见表4-18）。

表4-18　初拟配方的养分含量

项目	干物质（千克）	代谢能（兆焦/千克）	粗蛋白质（克）	钙（克）	磷（克）
粗料	1.13	8.92	92.50	5.70	2.25
精料	0.95	12.06	170.45	8.17	7.40
合计	2.08	20.99	262.95	13.87	9.65
与标准之差	-0.02	+0.04	-33.05	+0.97	+1.45

从表4-18看出，干物质和能量需要已经达到饲养标准，但尚缺33.05克粗蛋白质。

5. 调整初拟饲料配方　根据所缺的营养成分种类和含量，本配方中粗蛋白质含量不足，适量的尿素可以取代饲料中的蛋白质饲料。一般尿素的含氮量为44%，每克尿素相当于2.75克粗蛋白质，因此可用尿素来补充。尿素需要量为12.02克（33.05/2.75），可加入精料中饲喂。

调整后的日粮配方中，各项指标约等于标准需要量，即由0.5千克野干草、3千克青贮玉米、1.07千克混合精料和12克尿素组成，其中尿素占精料1%，混合精料中含有玉米50%、麸皮30%、豆饼17%、骨粉2%和食盐1%。

6. 检查饲料配方　以上为同羊所配日粮中干物质占体重的3.5%，粗饲料干物质占总干物质的54%，精料占46%，精料中粗蛋白质的含量为16.2%，尿素占体重的0.02%，符合配合饲料的基本要求，试配成功。

第三节　饲草料的加工调制

饲草料的营养价值不仅取决于饲草料本身，而且与各种加工调制方法有很大关系。合理的加工调制能够充分利用饲料，减少以至消除浪费，扩大饲料来源，消除饲料中的有毒有害因素，改进适口性，提高消化率。

饲草料的加工与调制方法很多，按其加工与调制的基本原理可分为3类：物理方法、化学方法和生物学方法。

一、粗饲料

（一）铡短

各种秸秆和干草饲喂前都应铡短，以便于羊只采食和咀嚼，减少饲草浪费，利于同精料均匀混合，增进适口性。一般粗饲料宜铡成1~2厘米。

（二）浸泡

即将铡短的秸秆和秕壳经水淘洗或洒水湿润后，拌入精料，再饲喂羊。国外采用0.2%左右的食盐水，将铡短的秸秆浸泡一天左右，喂前拌入糠麸和精料，喂羊效果较好。

（三）氨化处理

1. 调制技术　实践中多采用尿素氨化处理法，即将尿素3~5千克，溶于60~80千克水中（夏季水少些，冬季适当多些），均匀地洒于100千克切短（1~2厘米）的风干秸秆中，逐层堆放，最上面用塑料薄膜盖严密封，经1~8周（视温度、湿度、微生物活动而定）后即可饲用。可堆垛贮存，也可用地窖、塔或缸贮存。氨化处理时间，可参照气温高低而定（见表4-19）。

表4-19　秸秆氨化处理时间

温度（℃）	时间	温度（℃）	时间
0~5	8周以上	20~30	1~3周
5~15	4~8周	30~40	1周
15~20	2~4周	40~70	1~7天

2. 品质感官鉴定　质量好的氨化饲料颜色为棕黄色或深黄色，发亮，有糊香味，氨味较重，手感质地柔软。品质差的氨化饲料表面颜色变化不大，无糊香味，氨味较淡，质地无明显变化。陈旧发霉的氨化秸秆，色泽变暗或变白、变灰，底部发黑、发黏、结块，并有腐烂味，这种氨化秸秆不能当作饲料用。品质良好的氨化饲料可提高粗蛋白质含量1~1.5倍，有机物消化率提高20%以上，纤维素量减少10%。

3. 饲喂技术　饲喂前，要将取出的氨化饲料摊放阴凉处10~24小时，使余氨挥发掉，无刺鼻味即可饲喂；饲喂方法与普通秸秆饲喂方法相似，可不加水，直接让羊自由采食；喂后不应立即饮水。氨化饲料不宜单喂，一般占总饲料量40%~80%即可。由于羊对氨味较敏感，一般需要3~5天的过渡适应期，即氨化秸秆喂量由少到多，非氨化秸秆由多到少；若发现羊有食欲不振，反刍减少或停止，唾液分泌过多，神态不安，步态不稳或发抖等中毒症状，应立即停喂氨化秸秆，并进行必要的治疗。常用解毒方法是将0.1~0.2千克醋，0.1千克糖，加水0.5~0.6千克灌服，症状即可减轻。

若用碳酸氢铵氨化秸秆，每100千克秸秆用量为12千克，其他与尿素同。另有液氮、氨水和人畜尿液氨化法，但都不如尿素氨化法易于推广。

（四）尿素+石灰水复合处理

每100千克风干秸秆加4%尿素和5%石灰水，处理时间参照氨化处理法。饲喂后，比单一处理可提高采食量和消化率16%以上。

另外，还有碱化、糖化方法等，因推广范围较小，不做详述。

二、籽实饲料

（一）粉碎

一般硬粒籽实（如大豆、玉米、豌豆）宜磨小，软粒籽实（如大麦、燕麦）宜磨粗。肉羊反刍并反复咀嚼较细，对坚硬和软粒籽实粉成大、中等粒状即可；不提倡不经加工调制的整粒籽实直接喂羊，既不利于消化吸收，又造成了浪费。

（二）蒸煮和焙炒

豆类籽实含有抗胰蛋白酶的特殊物质，蒸煮或焙炒后能破坏这种酶的不良作用，从而提高了消化率和适口性。禾本科籽实含淀粉较多，经蒸煮或焙炒后部分淀粉糖化，变成糊精，产生香味，有利于消化。蒸煮时间为40~50分钟，焙炒为20~30分钟即可。

（三）发芽

发芽饲料的幼芽含有大量的维生素，当芽长到1~3厘米时，特别富含B族维生素和维生素E；当芽长达8~10厘米时，富含胡萝卜素（28毫克/千克），同时还有维生素B_2（250毫克/千克）和维生素C等。

发芽的原料多用碳水化合物较多的籽实。最常用的是大麦、青稞、燕麦和谷子等禾本科籽实。发芽方法是将要发芽的籽实用25℃

的温水（冬、春季）或冷水（夏、秋季）浸泡12～24小时，摊放在木盘或细筛内，厚3～5厘米。然后放入20～25℃的室内，上盖麻袋或草席，经常喷洒清水（每昼夜洒30℃温水4~6次），以保持湿润度。发芽所需要的时间视室内温湿度高低和需要的芽长而定，一般经过5～8天即可发芽。如果有条件，可制成人工发芽的木架，木架长约100厘米，宽约50厘米，上下共七八层，每层间隔12厘米，木盘高约7厘米，木盘与木盘之间上下空隙约5厘米。

肉羊每只每天的喂量为：成年羊150~250克，育成羊30~60克，羔羊10~20克。

三、颗粒饲料

颗粒饲料是配合饲料产品中的一种，是一种由全价混合料或单一饲料（牧草、饼粕等），经挤压作用制成的具有一定颗粒形状的粒状饲料。肉羊颗粒饲料是按照羊的营养需要，将饲料以科学比例搭配，一般粗饲料占60%~70%（其中秸秆占20%），精饲料占30%~40%，经粉碎后充分混合，用颗粒饲料压缩机加工成一定的颗粒形状。颗粒饲料多为圆柱形，直径4～5毫米，长10～15毫米，也可压制成圆饼形。采用颗粒饲料饲喂肉羊具有许多优点。

（1）便于贮藏、包装、运输。饲料成型后，颗粒饲料比粉状饲料体积缩小约1/3，便于贮藏、包装、运输；在贮藏过程中，粉状饲料容易吸湿结块、发霉变质，而颗粒饲料的散落性好，吸湿性小，贮藏稳定性高；成品运输过程中避免了自动分级现象；在包装过程中降低了粉尘及微量成分的损失。

（2）压制成的饲料适口性好，咀嚼时间长，有利于消化吸收。由于颗粒饲料密度大，体积小，营养浓度高，从而使肉羊的采食量也相应增加。

（3）便于动物消化吸收，提高了饲料利用率。在制粒过程中，饲料中某些有毒物质或抑制因子（如胰蛋白酶抑制因子、血球凝集素等）因热作用而被破坏，改善了饲料中某些营养成分的理化性质，提高了饲料利用率，营养物质利用率也相应提高。

（4）防止挑食，减少饲料浪费。颗粒饲料大小均匀，营养全面，从而保证了日粮组分的一体性和全价性，避免了肉羊按其适口性挑选饲料，减少向空中、水中到处飞散粉尘而造成的损失。

（5）可充分利用饲料资源，减少饲料损失。

（6）饲喂方便，有利于机械化饲养。

四、青干草

青干草是在青饲料未结籽实前收割，经过自然干燥（晒干或风干等）或人工干燥（机械烘烤）而制成的粗饲料，因其质地干燥疏松，又保持青绿颜色，故称青干草。可以调制青干草的原料来源很广泛（如人工种草、野青草、作物半青秆等），制作简便，容易贮藏。同秸秆类饲草相比，青干草具有营养丰富，适口性好，消化率高，而且含有丰富的胡萝卜素等特点。每年夏秋季节是大量制作和贮备青干草的最佳时间，这对农牧区肉羊安全越冬具有十分重要的意义。

牧草的收割时机是否适当，直接影响青干草的品质和产量。一般情况下，豆科牧草的适宜收割期为孕蕾期—初花期，禾本科牧草在抽穗期—开花期收割。天然牧草的草层组成比较复杂，一般按草层中优势牧草发育阶段而定，最好不要延迟到结实期以后收割。另外，决定牧草的具体收割时间，还应考虑到调制青干草的条件，应避开风天、连阴雨天和阴天或多云天等不利于晒制青干草的恶劣天气，以免造成营养物质的损失。割草时的留茬高度以不影响牧草再生为原则，一般为3~5厘米，秋末最后一次割草，留茬应稍高，为

7~8厘米，以便牧草积蓄养分，顺利越冬。

（一）调制方法

青干草基本调制方法有两种，即自然干燥法与人工干燥法。自然干燥法操作简便，不需要大型设备，制作成本低廉，易于在广大农牧区推广。

自然干燥法是利用太阳热能晒制青干草（有地面干燥法、草架干燥法和发酵干燥法）。在晒制的第一阶段，要选择无大风天气，促使植物细胞迅速死亡，停止呼吸，减少营养物质损失。采用的具体操作措施是将草放在晒场上摊薄、摊平、曝晒、勤翻，争取在4~5个小时内使水分降低到40%左右。第二阶段，使牧草中酶类停止活动，减少营养分解，使胡萝卜素等营养物质免遭破坏，保存维生素。采取的具体操作措施是将草堆成小堆或小垛进行曝晒，这时不要摊得太薄，减少翻动，防止叶片脱落和营养损失，保持青绿颜色。待水分降至14%~17%（经验方法是当草束可以用手揉断）时，即可上垛贮藏。

人工干燥法主要有风吹干燥法和高温快速干燥法两种。另外，还有物理化学干燥法，即压裂草茎干燥法和化学添加剂干燥法（干燥添加剂主要有K_2CO_3、Na_2CO_3、$CaCO_3$、KOH、KH_2PO_4及长链脂肪酸脂等）。

（二）青干草的品质鉴定

青干草的品质鉴定，一般包括以下内容。

1. 水分含量　青干草的标准含水量应在17%以下，超过17%时，则不易久藏，容易霉烂变质。

2. 颜色　优良的青干草颜色为青绿色。

3. 气味　调制好的青干草应具有草香气味。

4. 叶片　优质青干草要求茎、叶比例为1:1，叶片脱落较多，表明青干草品质不好。

5. 杂质　青干草中杂质通常含有毒害草、尘土及泥沙等异物。青干草纯净，杂质少，则品质优良。

6. 植物组成　植物组成情况对判断以天然牧草为原料青干草的营养价值具有重要意义。人工栽培的牧草多为禾本科和豆科两大类，它们是青干草中最具营养价值的饲草。优良的野生青干草、禾本科牧草和豆科牧草合计所占比例不得少于60%，其余为其他科植物。莎草科植物多半可被肉羊利用，其营养价值近似于禾本科植物；菊科植物中有些是良好的牧草，其中蒿属植物多有特殊臭味，适口性较差，干枯后有所改善；藜科植物碱性较大，含矿物质较多，大部分植物可为羊利用，但适口性和营养价值较低；野生植物中有毒有害的植物不应超过1%。

7. 病虫害侵袭　被病虫害侵袭过的牧草，如禾本科牧草染有黑穗病、麦角病及锈病等，晒制的青干草不但营养价值低，而且还会损害羊只健康。优良的青干草要求无病虫害侵袭。

（三）饲喂技术

青干草一般应切成1.5~2厘米段后喂羊，对所有羊均较适宜，有利于提高消化和吸收率，也减少了浪费。也有铡短喂，最长不宜超过6~8厘米。总之，以让羊将富含营养的叶片最大限度利用为原则。一般在饲喂青贮饲料前宜少量饲喂青干草，中间饲喂精料，最后再饲喂青干草。中午和晚间也可少量作为添草补饲。

五、青贮饲料

青贮饲料是将切短的青绿饲料填入密闭的青贮窖或青贮塔中，经过有益微生物的发酵作用，加工调制而成的一种能够长期保存的青饲料。它的主要特点是青绿多汁，具有芳香酸味，营养丰富（可保存90%左右养分，其中粗蛋白约7%，碳水化合物约35%，粗纤维30%左右），维生素较多，耐贮藏，可作为冬、春季饲喂肉羊的重要青饲料。

（一）青贮原理

将青饲料或多汁饲料装入密闭的窖内或青贮塔内，在厌氧环境下，通过乳酸菌发酵，利用饲料中的糖分，产生大量有机酸（主要是乳酸），当窖内pH降至3.8~4.0时，全部微生物受到抑制，停止活动，从而使青饲料得以长期保存。

（二）青贮设施的建造

目前，国内外青贮设施的建造形式大致分为青贮塔、青贮窖及平地堆贮3种类型。不论哪种形式，都必须有利于青贮饲料的发酵和长期保存。

1. 青贮窖　适合我国农村使用的青贮窖有两种形式。一种是地下窖，适用于地下水位低，土质坚实的地区；另一种是半地下窖，适用于地下水位高，土质疏松的地区。窖址应选择地势较高，排水畅通，土质坚实，地下水位低，干燥向阳，距离圈舍和原料地较近，便于运输之地。窖的形状有长方形窖和圆形窖两种。青贮窖的大小，取决于饲养规模、饲喂需要量、原料的种类和数量。

不同的青贮饲料所需的容积不同，每立方米的玉米秸秆饲料重约500千克，红薯蔓约900千克，青草或叶菜类600~650千克。在青贮发酵过程中，原料下沉率为10%~20%。因此，每立方米青贮饲料，实际应按1.1~1.2立方米的容积计算。适合农村使用的长方形窖，深2.0~2.5米，宽1.8~2.0米；或深2.5~3.0米，宽2.0~3.0米，长度根据原料多少而定。圆形窖深2.0~2.5米，口径1.2~2.0米。窖壁以砖砌水泥面较好，要求表面光滑，无裂缝，四周高出地面20~30厘米，四角弧形，窖底与四壁也呈弧形（见图4-1）。农家少量青贮可用直径1米左右的塑料膜装入青贮原料，埋入事先挖好的圆坑（直径1米）内密封。

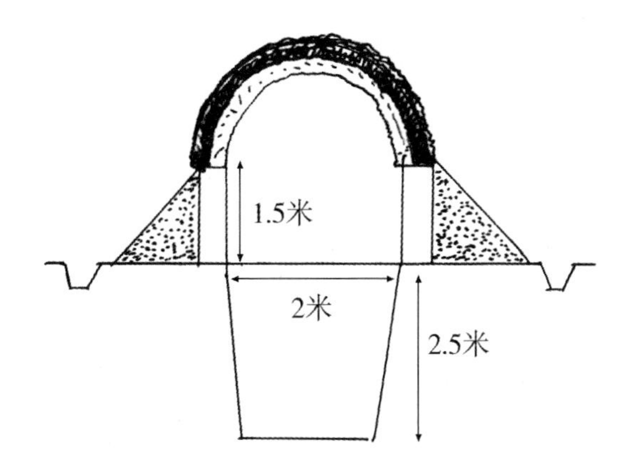

图4–1　长方形青贮窖示意图

2. 青贮塔　青贮塔是一种地上塔形的青贮设施，修建青贮塔必须具备以下条件。

（1）因青贮塔较高，一般在10米左右，所以建筑材料要求坚固耐用，耐强压、耐酸性腐蚀，地基要坚实，否则会有塌裂的危险。其建造结构一般有两种，一是钢筋混凝土，二是砖石水泥结构。

（2）内壁必须平整、竖直，密封不透气。

（3）必须具备塔顶、塔基、排料管、攀梯、排液孔及排液管等装置。

（4）塔的高低要根据铡草机的扬程高度而定，塔的容量大小要根据肉羊饲养规模及日喂量而定。青贮塔的优点是：占地面积小，距圈舍近，浪费小，启封后不易受天气、雨水等条件的影响。但造价、建造技术、工艺、材料、质量等要求都比青贮窖高，不适于小型羊场使用，尚未普及。

3. 平地堆贮　平地堆贮是在适当的地面上将青贮原料堆成馒头形，上面覆盖塑料薄膜，再加以重物。

此外，还有塑料袋、水泥池等青贮形式。

（三）调制技术

1. 原料的收割　原料的收割时期，主要考虑原料所含水分适宜，可溶性糖分多，营养价值高，产量较大，土地利用又较合理等因素。各种青贮原料收割期不同：青贮带棒玉米宜在乳熟期至蜡黄期收割，将茎叶和棒子一起进行青贮；无棒玉米秆青贮应在掰掉玉米棒子后，立即进行青贮；红薯蔓青贮应在早霜前收割；个别幼嫩多汁的豆科牧草可在盛花期收割；野生牧草在生长旺季时收割。原料含糖量不低于2%~3%，禾本科类原料适宜含水量为65%~75%，豆科原料适宜含水量为60%~75%，而玉米秸秆要求的含水量为78%~82%。

2. 铡短　玉米秸青贮一般要求长度约2厘米；禾本科和豆科混合牧草、红薯蔓、花生蔓等，长度为3~5厘米；幼嫩多汁的原料可铡得稍长一些，如叶菜类可铡成10厘米左右。

3. 填料　青贮时应遵循“随制、随运、随铡、随装填”的原则，从填料开始至结束必须在1~2天内完成。填料时要求逐层填料，逐层压实，特别要压实四角和周边。如果是两种以上的原料混合青贮时，应把各种铡短的原料均匀装入窖内。玉米秸秆青贮还可加入占原料重量0.5%~1.0%的尿素，以提高蛋白含量。各种青贮饲料都可加0.3%~0.5%的食盐，促进茎叶内的汁液渗出，改善青贮饲料的适口性。料装满后，若用窖贮，可使原料高出窖口70~80厘米，压实，封窖口。若在禾本科与豆科混合青贮料中单独加入0.12%甲醛和0.14%乙酸，则原料能量和蛋白质损失极少。

4. 封埋　青贮窖口一定要封严埋实、压紧、不透气、不渗水。可先用塑料薄膜围盖窖口，或者盖厚约15厘米的质劣青干草或麦草（稻草也可），上盖湿土50~70厘米，表面洒水，拍打坚实平整。窖顶呈圆弧凸起，窖的四周挖排水沟，保证雨水不能进入窖内。

5. 管理　窖口封埋后一周内必须勤检查，发现下沉和裂缝，应及时加土封严。注意周围排水要通畅，防止雨水和空气进入窖内。

另有半干青贮法，是将含水量40%～55%的玉米茎叶或纯豆科牧草进行贮藏的一种方法。半干青贮的技术要求同一般青贮法，唯需在青贮填料过程中，按原料的干湿度适当加水，以保持必要的发酵条件。

（四）开窖

青贮封窖30～45天便可开窖。在调制技术较好的情况下，青贮原料较好可适当提早开窖，原料品质较差宜稍晚开窖。圆形窖自上而下逐层取用，长方形窖自一端开口，逐段自上而下依次取用，直至用完。窖口处搭棚遮阴，防止日晒雨淋，若有条件可加盖草席或塑料薄膜。

（五）青贮料的品质鉴定

一般采用眼看、鼻嗅和手摸的方法进行品质鉴定。

1. 看颜色　一般品质良好的青贮饲料颜色呈草绿色或黄绿色，中等的呈黄褐色，劣等的呈褐色或灰黑色。

2. 嗅气味　具有芳香酸味和酒香气味的品质优良；酸味强烈，则含酸较多，酒香不浓，品质较次；具有腐败的苦臭或霉烂气味，并有丁酸臭味，品质最差，则不宜饲用。

3. 摸质地　良好的青贮饲料拿到手中将手松开时容易松散，质地柔软而略带湿润，茎叶仍保持原形。品质不良或变质的青贮饲料，茎叶粘成一团，腐烂如污泥，异味特大，不能饲用。

（六）特殊青贮

1. 低水分青贮法　与一般的青贮方法不同之处，在于它要求原料的含水量可降低到40%～50%。收割后的原料含水量减少的速度要快，一般青贮法原料的切碎要求为2～5厘米的长度，而低水分青贮法应切短些，取其下限为好。

低水分青贮法可以扩大青贮原料的范围，用一般方法不易青贮的原料如豆科牧草都可采用此法。低水分青贮，必须在高度厌氧环境下进行。

2. 高水分青贮法　蔬菜类、根茎类及水生植物等含水量高的原料，可以用高水分青贮法，其方法要领如下。

（1）青贮前将原料适当晾晒一下，以除去过多的水分。

（2）也可与含水量较少的原料如糠麸、干草粉、干甜菜等混贮，以调节水分高低，并提高青贮原料的含糖量。

（3）可建造底部有出水口的青贮设备来进行青贮，并在底部铺上一层稻壳、谷壳之类，使多余的水分能顺利地排出，排水后须注意及时密封。

3. 外加青贮剂　微生物青贮剂亦称青贮接种菌、生物青贮剂、青贮饲料发酵剂等，是专门用于饲料青贮的一类微生物添加剂，由一种或一种以上的乳酸菌、酶和一些活化剂组成，主要作用是有目的地调节青贮料内微生物区系，调控青贮发酵过程，促进乳酸菌大量繁殖，更快地产生乳酸，促进多糖与粗纤维的转化，从而有效提高青贮饲料的质量。

（七）饲喂技术

青贮饲料具有芳香气味，初次饲喂肉羊往往不愿采食，应当经过一周左右的饲喂训练，饲喂量会由少到多，并同其他饲料搭配饲喂，青贮饲料具有轻泻作用，对妊娠母羊宜少喂，一般不宜超过日粮的1/3，临产前两周暂停饲喂。青贮饲料酸性较大，最好同碱性饲料混合饲喂或在精料中加入适量的小苏打（$NaHCO_3$）。注意当天取料，当天喂完，如果取料过多，可将剩余部分装入大塑料袋或用塑料薄膜严密封盖，以减少浪费。一般成年羊和育成羊每日喂量2~3千克，羔羊0.25~0.5千克，原则上以占粗料量的30%~40%为宜，短期育肥羊可增至50%。

六、秸秆微贮饲料

秸秆微贮饲料是农作物秸秆经秸秆发酵活干菌发酵贮存制成的优质饲料，它是用微生物来提高低质饲草和粗料品质的有效而经济的方法之一。秸秆微贮具有成本低，效益高，适口性好，采食量多，消化率高，增重快，制作容易，无毒害，作业季节长，与农业不争化肥、不争农时等优点。是近年来已在全国逐渐推广的一项新技术。

（一）微贮窖建造

选址要求及建造形式同青贮窖。一般每立方米微贮窖可贮半干秸秆200~300千克（绿色秸秆可贮400~500千克）。一个微贮窖的饲料在2~3个月饲用完为宜，以此设计每个窖的大小和窖的多少。

（二）调制方法

1. 菌种的复活　目前应用推广的秸秆发酵活干菌（粉剂），复合铝箔包装，每袋净重3克，每20袋一盒，20盒一箱。在处理秸秆以前，先将菌剂倒入200毫升常温水中充分溶解，并在常温下（不低于5~10℃）放置1~2小时，使菌种复活。然后倒入充分溶解的0.8%~1.0%食盐水中拌匀。

2. 铡短秸秆　将秸秆铡成约2厘米的短节，利于提高微贮质量和消化吸收。

3. 秸秆入窖　按每20~30厘米厚的秸秆节铺放，并同时将菌液水均匀喷洒、压实，直至高于窖口40厘米后再封口。所用菌液量为：稻、麦秸秆1 000千克用活干菌3克（一袋），食盐9~12千克，水1 200~1 400升；黄玉米秸1 000千克用活干菌3克，食盐6~8千克，水

800~1 000升；青玉米秸1 000千克，用活干菌1.5克，不加盐，加水适量。贮料含水量可达到60%~70%。霉烂秸秆不宜入窖。

4. 封窖　在最上层再均匀撒上一层盐（用量为每平方米250克），然后压实盖上塑料薄膜，再在上面撒20~30厘米厚的稻、麦秸秆，覆土15~20厘米，最后封窖。若当天未装满窖，可盖上塑料薄膜，第二天装窖时再揭开。窖周围要挖好排水沟，封窖后要使盖土高于地面。

5. 加入营养粉　微贮稻秸、麦秸等时，可每层均匀撒些为菌种初期繁殖所需的大麦粉或玉米粉、麦麸等营养粉，用量为秸秆量的0.5%~1%。

6. 贮料水分控制与检查　贮料含水量是影响贮料品质的重要因素，要求水分含量要适宜，喷洒均匀，层间不得出现夹干层。合适水量（60%~70%）的测试是用手扭喷湿秸秆时，无水滴，而手上水却很明显；有水滴时，则水分过多（80%以上）；手上有水分并反光，则含水50%~55%；手有潮湿感时为含水40%~45%；不潮湿时则在40%以下。

7. 启用方法　秸秆微贮发酵需要时间为气温10℃时，30~50天；35℃时，25~30天。取料时要从一角开始，从上到下逐段取用。每次取用量应以当天喂完为宜。取料后要将口封严，以免水浸入引起饲料变质。

（三）品质鉴定

1. 看色　封窖后25~30天即完成发酵过程。品质好的微贮青玉米秸饲料呈橄榄绿色泽，稻秸、麦秸、黄干玉米秸饲料良好者为金黄色，品质低劣者为褐色或墨绿色。

2. 嗅味　优质者为醇香或果香味，并具有弱酸味；若为强酸味，说明水分过多或发酵温度过高；若有腐臭、霉烂味，则不能饲喂。

3. 手感　优质微贮饲料手感很松软、湿润，发黏或干燥粗硬感的则不良。

4. 酸碱度　用石蕊试纸测试，良好微贮饲料pH应为4.5~4.6。

（四）饲喂技术

微贮饲料可与其他草料搭配饲喂，日饲喂量应由少到多，逐步过渡到正常量（经3~5天），每只羊日喂量为1~3千克。日粮中的盐分含量应包括微贮饲料中加入的盐分量。饲喂次序应是先粗饲料（包括微贮料），后精饲料。若有冻结，则应使其消解开后再喂。

第五章　肉羊生产的环境条件与养殖设施

第一节　羊场建设与羊舍建筑

一、羊场建设

羊场建设的理想与否，直接关系到羊群的健康、生产性能、经营效益及人与羊的卫生安全等问题，它的影响又是长期性的，对肉羊生产及肉羊产业的可持续稳定性发展具有重要意义。

羊场建设必须贯彻科学安全，因陋就简，就地取材，降低成本，经济实用，便于饲养管理和有利于提高经营效益的目标与原则。

（一）明确羊场的性质与任务

羊场的先期规模与未来发展规划，关系到羊场地址的选定及内部布局的决策。因此，应首先考虑羊场经营的方式是种羊繁育，还是商品肉羊育肥。再根据羊场性质确定羊场种类，是建设种羊选育场、种羊繁殖场，还是商品肉羊育肥场或短期肉羊育肥场。

（二）确定羊场发展规模

立足国内实际，充分发挥当地资源优势、技术优势和区位优势，按羊场性质、市场中长期发展需求及资金投入计划，并结合饲养管理方式（舍饲或放牧）、集约化程度等，有选择地确定一次性或分次建设，或边建场、边生产、边发展，合理确定羊场规模。

（三）羊场选址

羊场选址时要根据其经营方式、生产特点及饲养管理方式等基本特点，对地势、地形、土质、水源、交通、电力、物资供应以及居民点配置等条件进行全面考虑。在选定的场址进行分区规划和确定各区建筑物的合理布局，是建立良好的羊场环境，组织高效率生产的基础工作和可靠保障。在进行羊场选址时，应遵循的基本原则如下所述。

1. 自然条件好　当地自然生态与经济社会条件应符合肉羊的生态适应性和生物学特性。其自然生态条件与品种原产地的自然条件一致或接近。同时，必须选择地势较高、背风向阳、坐北向南、干燥通风、排水方便的地区，切忌在低洼涝地、山洪水道、冬季风口等处建场。

2. 交通方便　羊场选址应方便饲草料的供应及产品的输出。如采用放牧，应有充足的四季牧场和饲草地。以舍饲为主，应有足够的饲料饲草基地或饲料饲草来源。同时应保证有方便的交通运输条件、邮电通讯条件和充足的能源供应条件。

3. 水源充足　要有清洁而充裕的水源，水质好，水量充足，取用方便。

4. 环境易于隔离　羊场地址为非疫区，与主干线和居民点有3千米以上距离或属自然隔离区。

（四）羊场内部布局

通常将羊场分为4个功能区，即生活区、生产管理区、生产区和隔离区。为有利于防疫和方便管理，首先应从人畜保健角度出发，以建立最佳的生产联系和卫生防疫条件，并根据地势和主导风向，合理安排各区位置。

1. 生活区　生活区包括职工宿舍、食堂、文化娱乐室及活动或运动场地等。生活区应处上风向或偏风向，并便于同外界联系。

2. 生产管理区　此区包括办公室、会议室、接待室、消毒室、车库、水电供应设施等。生产管理区也应设在地势较高的上风向或偏风向。该区与外界联系频繁，与场内饲养管理关系密切，应严格防疫，门口设车辆消毒池、人员消毒更衣室，与生产区应有隔墙隔开。

3. 生产区　生产区包括各类羊舍、配种室或人工授精室、饲草料库（包括青贮窖或塔等）及药浴设施等生产设施，是羊场最主要的区域，禁止外来车辆与人员入内，处于下风向。生产区是羊场的核心，应根据羊场的经营方向和饲养管理方式，进一步规划小区布局。种羊、育成羊与商品羊分开饲养，设不同地段，分小区饲养管理。不同羊群间应保持一定的卫生安全通道。要做到生产区与生产管理区、生活区隔离，二者相距50~100米为宜。配种室或人工授精室及药浴设施要靠近种公、母羊舍。饲草料库应考虑入库方便，饲草料便于向场内运输，靠近羊舍，一般位于地势较高的下风向处。

4. 隔离区　隔离区包括兽医室、隔离羊舍、尸体剖检和处理场所、粪污处理区等。此区处于地势较低的下风向或偏风处，并注意消毒及防护。兽医室距羊舍要稍远，病羊隔离舍、观察室距健康羊舍要在100米以上，并处羊舍下风向。羊场排污和积肥场应处在最下风向，并与羊场围墙有100~300米距离。

二、羊舍建筑

羊舍是羊场的主体部分，也是羊只赖以栖息、采食、反刍、消化的场所，对舍饲或以舍饲为主的羊场利用时间更长和利用效率更高，因此，羊舍建筑的科学与卫生质量好坏，直接关系到羊群健康和生产力水平，也关系到羊场经济效益的高低，应给予高度重视。

1. 羊舍建筑的基本原则　羊舍建筑应坚持“因地制宜，科学实用”的基本原则。我国秦岭、淮河以北地区，风多雨少，多为干旱半干旱地区，地下水位较低，羊舍直接建在地面，舍顶坡度较小，有的与羊棚连建便于夏凉和剪毛等；而秦岭、淮河以南地区则雨多湿度大，地下水位较高，多为半湿润和湿润区，羊舍多为离地面1.5~1.8米的楼阁式，舍顶坡度较大便于排水。我国羊舍类型多为长方形（一字形），舍顶为单坡式、双坡式、联合式和圆拱式，多以前二者为主。形式有封闭式、半开放式和开放式，内设单列式或双列式（有中央通道），这要以羊群规模、地形地势、利于饲养管理和经济实用而定。

关于棚舍连建结合的羊舍，一般分两类：一类是利用原有羊舍一侧建成三面有墙，前面无墙的羊棚。羊多在羊棚栖息（也可供剪毛用），冬春进入羊舍产羔育羔，适于较寒冷地区（见图5-1）。另一类为三面高墙，一面为1.2~1.4米矮墙，外通运动场，羊多在运动场活动，冬春季进入羊舍产羔育羔，适用于气候较温暖地区（见图5-2）。

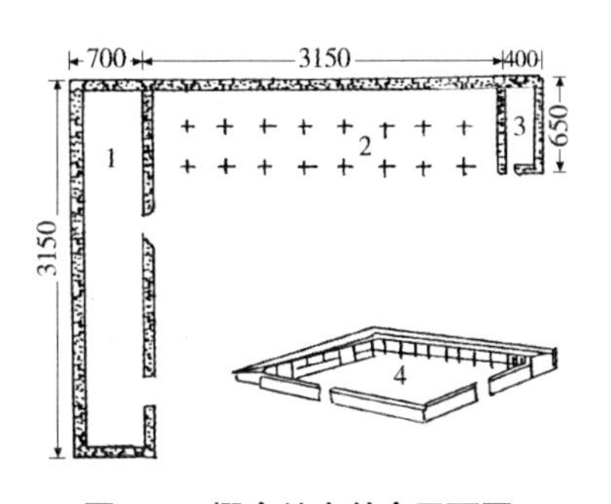

图5-1　棚舍结合羊舍平面图

（单位：厘米）

1.半开放羊舍　2.开放羊舍（羊棚）

3.工作室　4.运动场

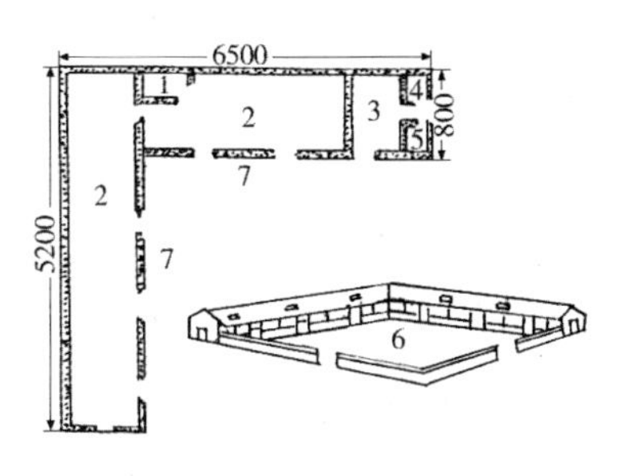

图5-2　棚舍结合羊舍平面图

（单位：厘米）

1.人工授精室　2.普通羊舍

3.分娩室　4.值班室　5.饲料间

6.运动场　7.矮墙

2. 地形与地势　羊舍建筑要背风向阳，羊舍房角应对着当地冬、春季的主风向，冬暖夏凉，干燥通风，宽敞明亮。同时还要坚实耐用，科学卫生，利于排水，便于肉羊饲养管理及进行各种生产活动，要适合当地自然生态条件的要求。

3. 羊舍建筑的主要参数　无论大小羊场或农户分散少量喂养，一般要求公母分圈，大小分管，强弱分养，病羊隔离饲养。对饲养量超过60只的养羊户或羊场，则应有种公羊舍（必要时包括后备公羊或育成公羊）、空怀羊舍、成年繁殖母羊舍、哺乳（带羔）羊舍、后备母羊或育成母羊舍、育肥羊舍，必要时再设相当于基础母羊数量或羊舍总面积约1/4的产羔室。各类羊舍建筑的主要参数如下，供广大肉羊养殖户在实践操作中参考。

（1）占用面积　每只种公羊占用面积以1.5~2.0平方米（大型羊最多4.0~6.0平方米）较为适宜，每只成年空怀母羊和怀孕前期繁殖母羊占用面积为0.8~1.0平方米（最大1.2平方米），怀孕后期母羊和哺乳母羊占用面积为1.1~1.2平方米（产春、秋羔）、1.8~2.0平方米（产冬羔），后备或育成公母羊0.5~0.6平方米（最大0.8平方米），每只羔羊占用面积（单独组群）0.4~0.6平方米，育肥羊占用面积相对较少，每只为0.6~0.8平方米。

（2）羊舍高度　双坡式羊舍前后墙高度为2.2~2.3米；单坡式羊舍（寒冷地区）前墙高1.8~2.0米，后墙高2.1~2.3米；温暖地区前墙高2.0~2.5米，后墙高1.8~2.0米。

（3）羊舍宽度与长度　一般情况下，羊舍宽度以7.5~10米为宜，长度根据饲养规模、当地地势、地形条件等因素确定。

（4）门　羊舍门高度约为2米，门宽1.5~2.0米（种公羊、空怀羊、怀孕前期羊、后备或育成羊、育肥羊），怀孕后期和哺乳羊舍、大型种公羊舍门宽则为2.0~3.0米。

（5）窗　一般羊舍窗高0.6~0.8米，宽1.0~1.2米，窗间距以不超过窗宽2倍为宜；每100平方米羊舍面积设后窗一个（高0.6米，宽0.7米）；窗户总采光面积应相当于羊舍总面积的1/25~1/10，产羔室可适当小些；羊舍窗户距地面高度一般为1.0~1.5米，其中前窗距地面高度1.0~1.2米，后窗1.4~1.5米。

（6）地面　羊舍地面以黏土地面为宜，若土质不好，可铺成石灰混土地面或三合土地面（石灰∶碎石∶黏土混合比例为1∶2∶4）。舍内地面要高出舍外地面15~30厘米，并铺成斜坡状，以便于舍内污水流出和防止雨季舍外雨水进入。羊舍内的饲料准备室和饲养员宿舍可铺成水泥地面。

（7）楼（阁）式羊舍的楼台　可用木条或竹条铺设，木条应结实，宽窄厚薄一致，木条间隙1~1.5厘米，楼台距地面应高1.5~1.8米，羊舍南面或南北两面建1.0米左右半墙（见图5-3）。

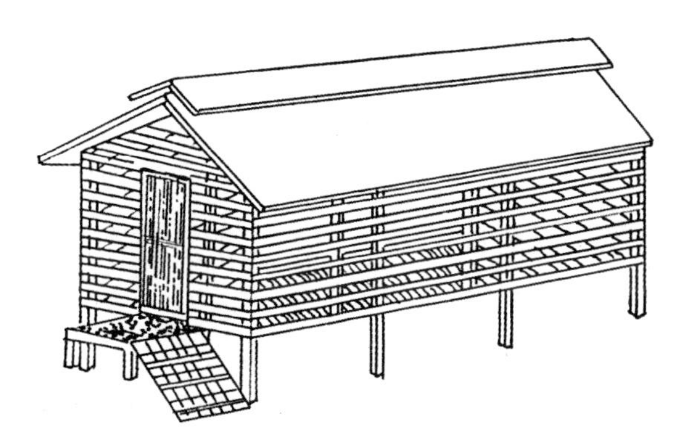

图5-3　楼式羊舍示意图

（8）运动场　运动场面积应为羊舍面积1~2.5倍（具体依据不同类型羊及场地大小确定），运动场地面应比羊舍地面低15~30厘米，而比运动场外地面高30~60厘米。运动场墙式围栏高度一般为1.2~1.5米，其中公羊运动场围栏高度为1.5米，母羊运动场围栏高度为1.2~1.3米。运动场围栏门宽1.5~2.5米，高1.5米。

（9）饲槽与饮水槽　饲槽上宽25厘米，下宽20厘米，垂直深度20~22厘米，槽底距地面20~30厘米。饮水槽长度一般0.8~1.5米，饲槽长度以羊的数量而定。饲槽有固定式和移动式两种，固定式多为砖水泥结构，移动式多为木质结构。饮水槽一般为固定式砖水泥结构。

（10）羊槽隔栏　为了让每只羊都能够均匀地采食饲草料，对高产或需细致照顾的羊只，在饲槽上设隔栏分隔，每羊占20~25厘米宽度；而也有不设隔栏的，通常在饲草料较丰裕，羊能较好地安然采食的情况下可这样做。

以上参数是肉羊饲养的一般范围，实施者在操作时，可根据具体情况适当灵活变通，因地制宜，在专家或技术人员的指导下，建成既经济实用，又适于肉羊生产的理想羊舍。

三、塑料暖棚

（一）塑料暖棚羊舍的作用

1. 塑料暖棚羊舍除满足羊群正常饲养管理外，主要目的在于冬春季严寒时，为防止羊只掉膘和羊群产羔育羔阶段时启用。特别适用于中、高纬度地区的养羊生产，对肉羊产业发展更为重要。

2. 塑料暖棚羊舍也是棚舍结合的一种形式。棚舍与补饲场相结合，室间紧凑连接，结构简单，建造成本低，节地省工，有多种用途，特别适于肉羊舍饲短期分群育肥的实施，实现肉羊全年均衡生产，可在全国多数地区推广应用。

3. 塑料暖棚羊舍结构合理，采光、保温、通风换气条件好，有助于冬春寒冷季节舍内温度的提升，是冬春季理想羊舍，可作为对普通羊舍的补充。

（二）塑料暖棚的建造形式

按棚顶形式可分为棚式和半棚式两种，按棚顶覆盖塑料薄膜面的特点，分为斜面式和拱圆式。棚式暖棚棚顶均为塑料薄膜覆盖，其优点是日照时间长，采光较均匀，四周低温带小，缺点是夜间保温性能差，抗风耐压程度较差，建造成本高等，故已不多使用。半棚式暖棚棚顶一面为土木或砖木结构，另一面为塑料膜覆盖，其优点是棚膜容易固定，抗风雪、风沙和保温性能较好，经久耐用，夏、秋季不盖塑膜时即呈半敞棚形式，通风透光，清新干燥。半棚式覆盖塑膜一面可为斜面式，也可为拱圆式，前者叫单坡形暖棚，后者叫半拱形暖棚，分别如图5-4、图5-5和图5-6所示。

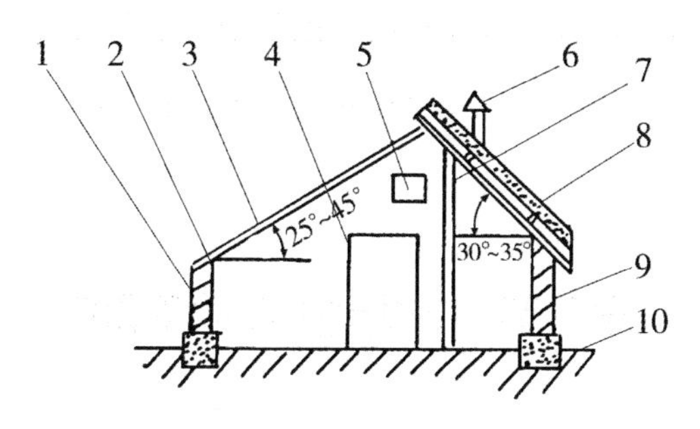

图5-4　单坡形暖棚

1.前墙　2.棚架　3.薄膜　4.门　5.进气孔

6.排气孔　7.支柱　8.后屋顶　9.后墙　10.房基

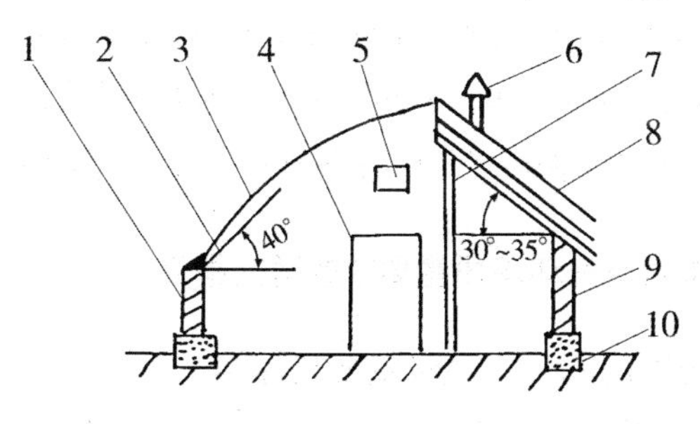

图5-5　半拱形暖棚（1）

1.前墙　2.棚架　3.薄膜　4.门　5.进气孔（20厘米×20厘米）

6.排气孔（50厘米×50厘米）　7.支柱　8.后屋顶　9.后墙　10.房基

塑料暖棚不论何种形式，其羊舍羊棚及运动场建筑主要参数，可参考羊舍建筑参数。建设方法仍以坐北向南，东西延长为主，最大偏度不宜超过10°，进气孔面积占排气面积70%左右。

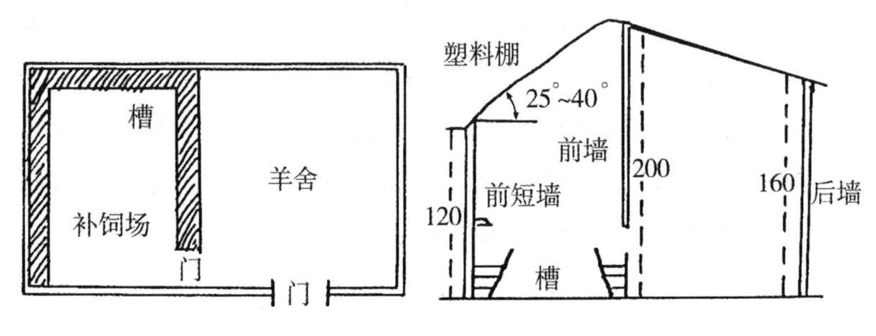

图5-6 半拱形暖棚（2）（单位：厘米）

第二节 羊场生态环境调控

一、肉羊对生态环境的基本要求

肉羊要求生态良好的环境条件，属低碳生态区，没有工业“三废”和农业、城镇生活垃圾，医疗废弃物污染及地方病高发区的威胁，肉羊繁育区的空气与水资源质量都应符合国家有关安全卫生标准规定。

二、肉羊对空气环境质量要求的适宜指标

我国规定的羊舍空气质量主要指标如下。

1. 温度 羔羊舍适宜温度为10.0℃，母羊舍要求较低，一般在6.0℃左右。

2. 相对湿度 羔羊舍和成年羊舍相对湿度均为75.0%左右。

3. 换气量　羔羊舍为3.0平方米/（只·小时），母羊舍为18.0平方米/（只·小时）。

4. 二氧化碳浓度　羔羊舍和成年羊舍不超过0.3%。

5. 氨浓度　羔羊舍0.02毫克/升，成年羊舍0.03毫克/升。

三、肉羊饮用水质量适宜指标

我国规定包括肉羊的畜禽饮用水指标如下（毫克/升）：汞、六六六≤0.001；滴滴涕≤0.005；镉≤0.01；砷、铅、铬（六价）、氰化物均为≤0.05；铜、氟化物（以F计）均为≤1.0；细菌总数1毫升水＜100个；pH 6.5~8.5；氯化物（以Cl计）≤250。

四、肉羊对产地土壤质量要求

以透气性强、吸湿性好、导热性小、质地均匀、弹性好、抗压性强的沙壤土较好；至少也应为排水良好、暴雨后不易积水的土壤。

五、肉羊对嘈杂音的反应

肉羊习性胆小，稍有嘈杂声音便有惊动反应，或拥挤成团。各类羊舍的生产噪音或外界传入声音的要求控制在85分贝以下。对产生噪音较大的车间，应控制噪音声源，选用低噪音设备或采取隔音减噪控制措施。据试验报道，75~100分贝的噪音，可使绵羊日增重和饲料利用率下降；当受到100分贝噪音干扰时，肉羊心跳加快，甲状腺功能降低。因此，肉羊场应远离闹市嘈杂音区，场内饲草料机械加工区距羊舍也应有一定距离，以免对羊的正常活动和生产能力产生不良影响。

六、植树种草绿化羊场生态环境

肉羊场内及周边应植树种草美化场内外环境，实现肉羊生产与优良生态环境的协调统一，这对改变羊场小气候，美化环境和减少环境污染，进行优质肉羊生产具有积极的经济意义与现实意义。绿化也是羊场环境系统控制中不可缺少的一方面。羊场绿化设计具体要求如下。

（1）防风林要设在冬季主风的上风向，羊场场界周边种植乔木和灌木结合林带，最好是落叶树和常绿树搭配，高矮树种搭配，植树密度可稍大些。宽度一般为5～8米，植树3～5行，呈“品”字形排列。在场界北、东北、西北，加宽这种混合林带，要10米以上，至少种5行，以起到防风阻沙作用。

（2）隔离林要设在各场区之间及围墙内外，选择树干高、树冠大的乔木，宽度3～5米，种植2～3行。

（3）行道绿化，即用于道路两旁和排水沟边的绿化，应种植低矮灌木等。场外主干道路旁种植1～3行树冠整齐的乔木，靠近建筑物的地段，不宜种植叶密、高大的树木，以免影响羊舍的自然采光。

（4）遮阳绿化一般设于羊舍南侧和西侧，在不影响羊舍采光的情况下，在房顶可以架设葡萄、佛手瓜等植物，起到为羊舍墙、屋顶、门窗遮阳的作用。

（5）在场区内除道路及建筑物之外全部铺种草坪，仍可起到调节场区内小气候、净化环境的作用。

第三节　肉羊养殖的主要设施

肉羊养殖生产中除有水、电、加工和运输等机械设施外，尚有与养殖直接相关的必要设施不可缺少。

一、饲草架

饲草架形式多种多样，有专用的草架供喂粗料；有联合草料架，可供喂粗料和精料。常见饲草架如图5-7、图5-8、图5-9和图5-10所示。

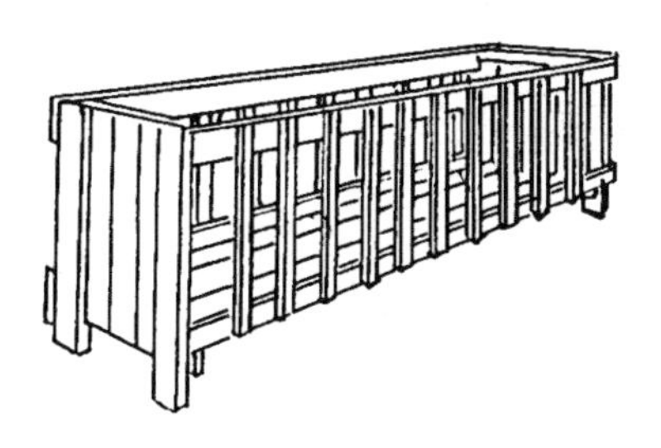

图5-7　长方形两面草架

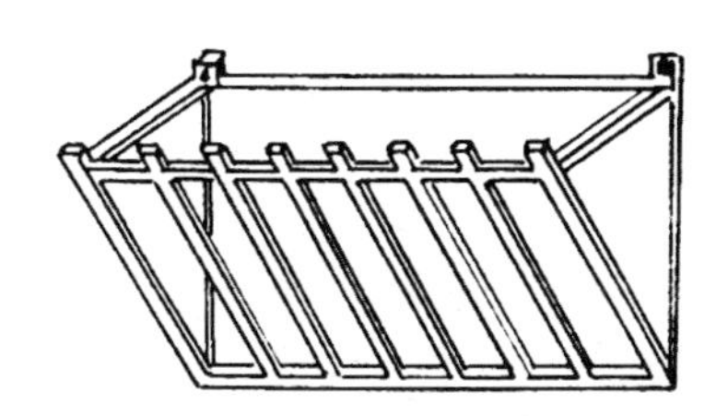

图5-8　靠墙固定单面草架

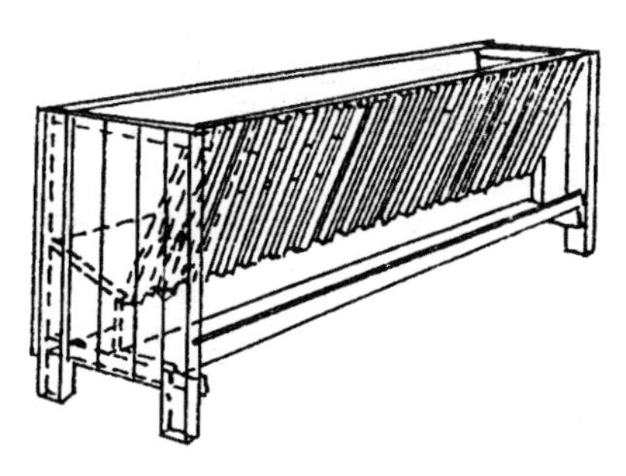

图5-9　靠墙固定单面兼用草料架

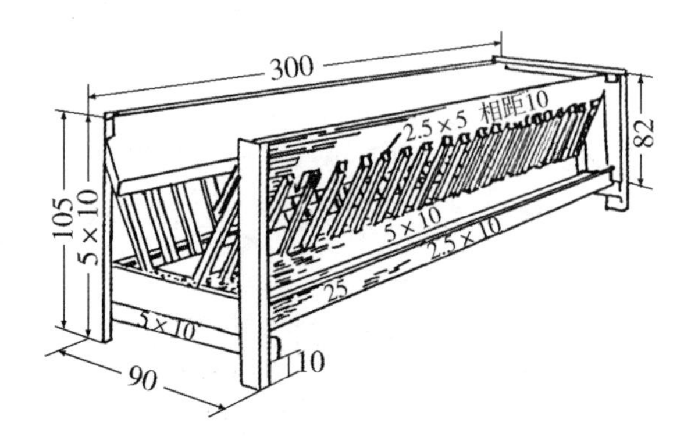

图5-10　移动式联合饲架（单位：厘米）

二、精料槽

精料槽可用木板或铁皮制作，大小、尺寸根据羊只大小、数量灵活掌握。精料槽两端最好安置临时性且装卸方便的固定架，主要用于冬春季节补饲之需。木制精料槽见图5-11。

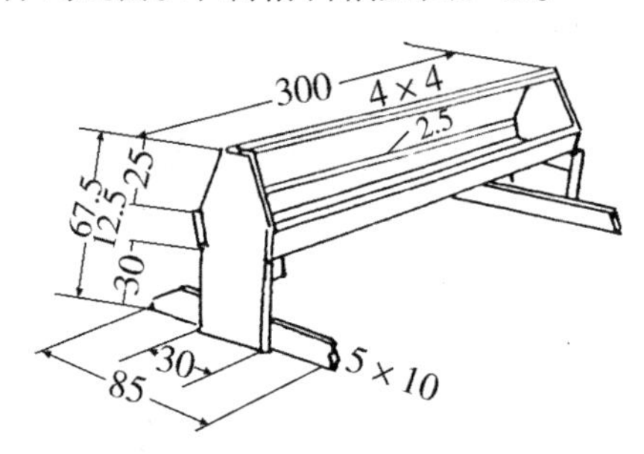

图5-11　木制精料槽示意图（单位：厘米）

三、分娩栏

分娩栏主要在母羊产羔时用，可用活动围栏临时间隔当作母子小圈、中圈等。活动围栏通常有折叠式和三角架式。见图5-12和图5-13。

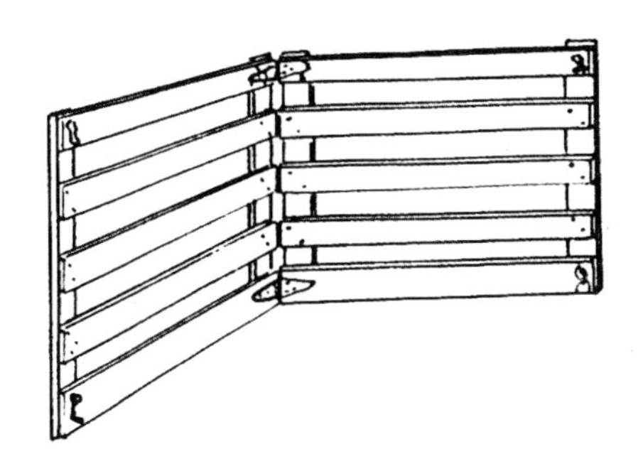

图5-12　折叠围栏

图5-13　三角架围栏

四、分群栏

分群栏供羊分群、鉴定、防疫、驱虫、称重、打耳号等用。分群栏由许多栅板联结而成。在羊群的入口处为喇叭形，中部为一窄通道，只容许羊单行前进。沿通道一侧或两侧，可根据需要设置3~4个可以向两边开门的小圈，利用这一设备，就可把羊群分成所需要的若干小群（图5-14）。

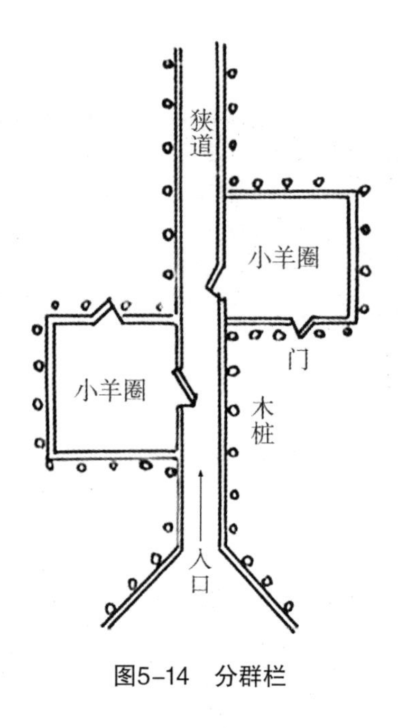

图5–14 分群栏

五、药浴设施

（一）大型药浴池

大型药浴池可供大型羊场或肉羊饲养较集中的小区域（如某村肉羊养殖小区）药浴使用。药浴池可用水泥、砖、石等材料砌成长方形。一般长度为10~12米，池顶宽60~80厘米，池底宽40~60厘米，宽度以羊能通过而不能转体为准，池深1.0~1.2米。药浴池入口处设漏斗形围栏，使羊有顺序地进入药浴池。药浴池入口处呈陡坡式设计，可使羊走入时迅速滑入池中。药浴池出口有35° ~40° 的斜坡，斜坡上有若干条小水泥台阶，其作用一是不使羊滑倒，二是羊从斜坡上走过时可使身上余存的药液流回浴池。出口处上边还应设计有一坡度向药浴池的滴流台，药浴过的羊在滴流台停留时，羊体上的药液可流回药浴池（见图5–15），减少药物浪费。

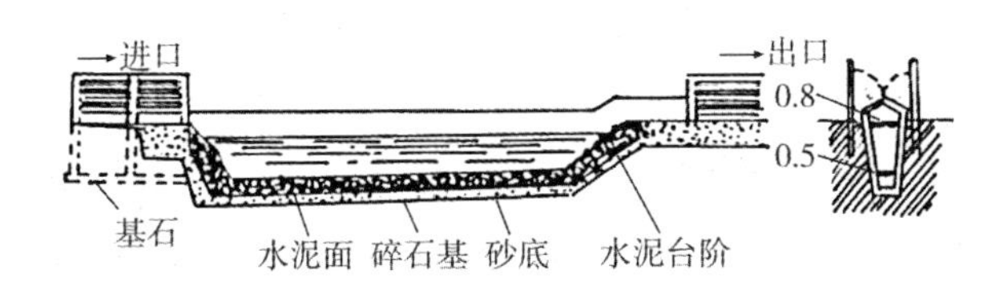

图5-15　药浴池的断面图（单位：米）

（二）小型药浴槽、浴桶、浴缸

小型药浴槽药液量约为1 400升，可同时药浴两只成年羊（小羊3~4只），并可用门的开闭来调节入浴时间（图5-16）。

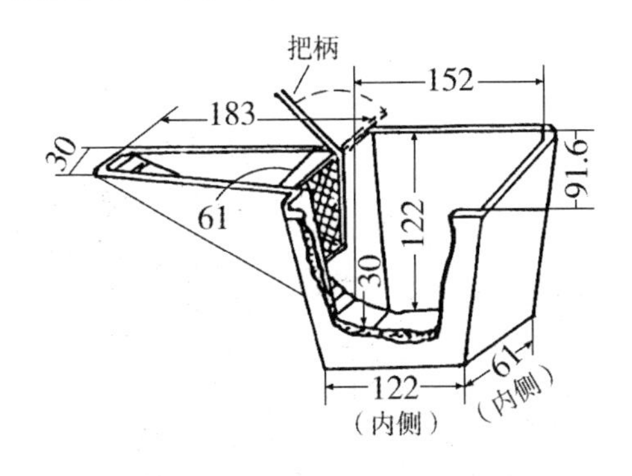

图5-16　小型药浴槽（单位：厘米）

（三）帆布药浴池

用防水性能良好的帆布加工制作。药浴池为直角梯形，上边长3.0米，下边长2.0米，深1.2米，宽0.7米，外侧固定套环。安装前按浴池的大小形状挖一土坑，然后放入帆布药浴池，四边的套环用铁钉固定，加入药液即可进行药浴。用后洗净、晒干，以后可再用。这种设备体积小，使用简便，可供小群养羊户反复使用。

（四）淋浴式药淋装置

我国近年来研制成功的9AL-8型药淋装置，可加快药浴的速度，减少羊的伤亡，减轻劳动强度，提高药浴效率。

该药淋装置由机械和建筑两部分组成。机械部分包括上淋管道、下喷管道、喷头、过滤筛、搅拌器、螺旋式阀门、水泵和柴油机（或电动机）等。地面建筑包括淋浴场、待淋场、滴液栏、淋场药液池和过滤系统等，可使药液回收，过滤后循环使用，滴液栏可以回收羊身上滴下的药液。工作时，用295型柴油机或电动机带动水泵，将药液池内的药液送至上、下管道，经喷头对羊进行喷淋。上淋浴管道末端设有6个喷头，利用水流的反作用，可使上淋架均匀旋转。圆形淋场直径为8米，可同时容纳250~300只羊淋药。淋浴式药淋装置，见图5-17。

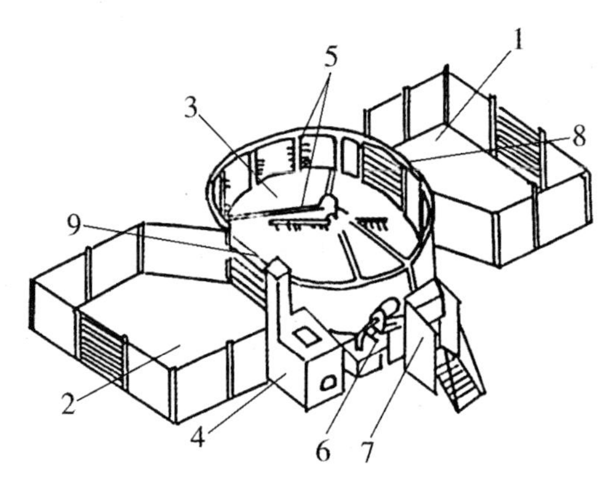

图5-17　淋浴式药淋装置

1.待淋场　2.滴液栏　3.淋场药浴　4.炉灶及加热水箱　5.淋浴喷头

6.离心式水泵　7.控制台　8.药淋浴场入口　9.药淋浴场出口

第六章　肉羊饲养管理技术

第一节　肉羊饲养方式

肉羊饲养方式可分全放牧、半放牧半舍饲、全舍饲、半舍饲半放牧四种，基本为放牧和舍饲两大类。介于二者之间的两个饲养方式，通常“半放牧”在前即示以放牧为主，“半舍饲”在前即示以舍饲为主，均以各地生态条件和羊的生产需要而定，安排的季节也不同。

一、放牧饲养方式

放牧饲养方式包括全年放牧和半放牧半舍饲两种。全年放牧指一般冬春季和羊在妊娠后期与哺乳期不补饲或对个别极乏瘦羊少量补饲，终年放牧于天然草场上，多见于草原牧区。半放牧半舍饲指在晚春至初冬季节的青草期放牧抓膘，仅在冬、春季肉羊处于妊娠后期和哺乳期的乏瘦时期以舍饲为主（或也少量放牧以减轻补饲负担）的饲养方式。放牧饲养的肉羊所需营养全部或主要由草原上多种天然牧草提供，要求草原牧草要多样化，豆科牧草比例居多，植被覆盖率大，牧草生长期长，产草量高，早春牧草萌发时间较早，有毒有害草少，适于抓膘育肥的牧草种类和数量较多。放牧有利于肉羊的锻炼，增强体质，提高肉羊适应能力，减少疾病发生。采用放牧饲养方式饲养肉羊的基本原则主要有以下几个方面。

（一）处理好放牧与保护以及合理利用草原，保持自然生态平衡的关系

放牧与保护和合理利用草原二者把握得好，可相得益彰，否则会两败俱伤。因此，要以草定羊，草羊平衡，不能超载过牧和掠夺式经营。要有计划地实行局部禁牧和圈栏放牧、划区轮牧、休牧等，要将放牧与种草结合起来。要做好使用草场长年利用规划与当年计划等，实现羊、草共同发展的终极目标。

（二）因地制宜，实行有计划的统筹放牧利用

对当年羔羊不可隔年发育，因当年冬季和翌年夏秋季再经育肥则不能达到理想效果。

春季气候寒冷潮湿，雨雪较多，冷热变化幅度大，难以掌握，牧草返青换季，不易采食。春季肉羊一般营养较差，体质瘦弱，有的母羊正处于怀孕后期，有的母羊正在哺乳，迫切需要较好的营养。春季放牧应选背风向阳、比较暖和的地方，在阳坡可以晒太阳，减少因寒冷而造成的热能消耗。阳坡地牧草返青早，地势比较干燥，既不会踏坏牧地，羔羊也不致因卧地受潮而得病。春季正是牧草交替之际，有的地方青草虽已生长起来，但是薄而稀，要防止跑青。如果青草吃不饱，每天可先放老草坡，让羊吃些枯草，再去放青草。春季草嫩，含水量高，早上天冷，不能放露水草，否则易引起拉稀。同时，春季潮湿，羊体瘦弱，是寄生虫繁殖滋生的适宜时期，要注意驱虫，勤垫羊圈，保持羊圈卫生。

夏季牧草茂盛，营养价值高，是进行肉羊抓膘的好时期。可以选择高燥、凉爽、饮水方便的草场放牧，早出牧，晚归牧，保证充足

饮水，注意补充食盐和其他矿物质。也可实行一天2次放牧法，即早、晚2次出牧，中午在羊舍休息。

秋季牧草籽粒逐渐成熟，应尽量延长放牧时间，使羊群多采食。谚云：“立秋以后抢秋膘，吃上草籽顶上料。”说明了秋季放牧的重要性。秋天羊吃干草和草籽容易口渴，要注意饮水。

冬季牧草枯黄，营养差，放牧的任务是保膘、保胎，使羊安全越冬。对草场的选择原则是先远后近，先阴坡后阳坡，先高处后低处，先沟壑后平地。妊娠母羊的放牧速度不宜快，要求不跳沟、不惊吓、出入圈舍不拥挤。另外，冬季羊群除放牧外，还要适当补饲。

（三）建造适合于各季牧场放牧使用的羊舍

采用放牧饲养方式，必须建造适合于各季牧场放牧使用的羊圈、羊棚和羊舍，使肉羊有休息、繁殖、育羔等进行生理、生产活动的场所，保障羊只不受酷热或严寒的侵袭而掉膘或伤亡，造成经济损失。

（四）制定各季最佳放牧管理日程

放牧肉羊时，必须制定行之有效的各季最佳放牧管理日程，追求放牧的最大效益，以保证放牧生产有序进行。各地在制定放牧管理日程时，可按气候、草场情况、沿袭习惯等灵活掌握。

（五）采用最适宜的放牧方法

肉羊放牧方法通常有“一条鞭”“满天星”“簸箕张”“朝天一炷香”或“顺一线”“围栏放牧”等。精心研究并活用或创新适于当地最优的放牧方法，特别是夏秋季抓好膘，是肉羊放牧育肥的关键一环。

（六）始终做到“十观察”和“十七防”

放牧及其前后的全程管理中要始终做到“十观察”和“十七防”。

“十观察”：观察羊的精神状态、采食、饮水、反刍、卧息、游走、大小便、发情、临床征候和异常表现。

"十七防"：防出入圈门和饮水时拥挤、防直上直下、防吃露水草与霜冻草、防滚坡、防丢失、防抢青、防吃有毒和有害草、防饮冰冻水及污水、防冷鞭惊吓、防急赶快跑、防顶撞、防跳沟坎、防酷暑、防暴风雨雪袭击、防兽害、防草地产羔和防突发病。出牧和归牧务必清点羊数。归牧回圈后，自由饮水，水中放食盐，自由吃添草与舔砖。

(七)及时检查总结放牧实施效果

季节放牧结束(多在秋末冬初)时，要认真检查总结放牧实施效果，如预期增重与膘情指标增减情况，有无发生重大事故等，总结经验，认真吸取教训。过去一些地区沿袭的粗放落后的自由放牧方式绝不可取，肉羊生产时更不宜采用。

二、舍饲饲养方式

舍饲饲养方式包括全舍饲和以舍饲为主，并利用青草期在可允许的草地上适度放牧的半舍饲半放牧。舍饲养羊是现阶段及今后较长时期在我国农区、农牧区和部分牧区推行的主要饲养方式。舍饲养羊要求要有充足而优良的饲草料供应和适于肉羊生活及生产需要的科学、卫生、舒适的羊舍，并要有科学的生产管理体系与各项管理制度。

舍饲养羊的优越性主要表现在：便于饲养管理和先进科学技术的实施，繁育效果好，降低了"靠天养羊"的依赖性，增强了"依靠人的作用，科学养羊"的因素，减少了放牧养羊与农林业及水土保持的矛盾，提高了养羊的劳动生产率和饲养的总体效益。采用舍饲饲养方式饲养肉羊的基本原则主要有以下几点。

(一)切实做好全年各季度饲草料的生产与供应计划

舍饲养羊必须要有饲草料生产基地，要充分发挥土地的生产潜力，努力提高产草量。我国是农业大国，农作物秸秆资源非常丰富，要充分利用农作物秸秆（如玉米秸秆等）及各种农作物加工副产品，做到精、粗饲料自足，粗饲料做到全年较均衡饲养。

（二）做好全年饲草料的有效合理利用

1. 粗饲料　夏、秋季以紫花苜蓿青草或青干草、野青草、冬牧70黑麦草、羊草、篁竹草、红豆草等优质牧草为主；冬、春季以紫花苜蓿青干草、野青干草、玉米青贮料、花生蔓为主，搭配少量豆秸、燕麦及青稞秸秆、红豆草青干草和冬牧70黑麦草，添加少量苹果渣等。四季都可饲用农作物秸秆、块根、块茎和树叶饲料等。

2. 精饲料　以玉米、豆类或豆饼、油饼、麸皮、磷酸二氢钙、食盐为基础精料，添补所需饲料添加剂、食用酵母等。

（三）做好饲草料加工调制

做好饲草料加工调制，是提高肉羊饲养效益的重要措施。肉羊养殖户可根据实际养羊规模做好饲草饲料的加工调制，主要有打草青贮、晒制青干草、收集农副产品、调制颗粒料等。常见的日粮中一般有饲草、饲料、多汁饲料、青贮饲料等。

（四）制定全年舍饲饲养管理日程

做到饲养管理工作的定时、定量、定质、定羊、定专人管理责任制的“五定”要求。此处列出以我国中部地区为例的肉羊舍饲饲养管理日程，供参考。

1. 夏、秋季（5月中旬~10月下旬）

6：00—6：30　起床、洗漱、观察羊群。

6：30—7：00　轰羊起来排便，试情，准备第一次饲喂草料，清槽。

7：00—10：30　第一次饲喂（先粗料，后拌精料，分3~4次饲喂），配种，自由饮水，观察羊只采食与自由饮水情况，给运动场饲槽添草。

（7: 30—8: 00　早饭）

10: 30—17: 00　羊运动，反刍，卧息，自由采食，添草和饮水，清扫羊舍和运动场，观察羊群。

（12: 00—12: 30　午饭）

17: 00—17: 30　准备第二次饲喂草料，清槽。

17: 30—20: 30　第二次饲喂（要求同“第一次饲喂”），自由饮水，观察羊只采食与饮水情况，试情与配种。

（18: 00—18: 30　晚饭）

20: 30—22: 00　羊卧息，反刍，自由饮水。饲养员学习，整理记录等。

22: 00—22: 30　添草，观察羊群。

22: 30—翌日6: 00　羊卧息，反刍，自由饮水，饲养员就寝。

2. 冬、春季（11月上旬~次年5月上旬）

6: 30—7: 00　起床、洗漱，观察羊群，清槽，准备第一次饲喂草料。

7: 00—10: 30　第一次饲喂（先粗料，后拌精料，分3~4次饲喂），观察羊只采食、自由饮水情况及做其他工作。

（8: 00—8: 30　早饭）

10: 30—15: 00　羊反刍，卧息，自由运动，自由饮水，添草，清扫羊舍。

（12: 00—12: 30　午饭）

14: 30—15: 00　准备第二次饲喂草料，清槽。

15: 00—18: 30　第二次饲喂（先粗料，后拌精料），观察羊只采食、自由饮水情况，清扫运动场及做其他工作。

（17: 30—18: 00　晚饭）

18: 30—22: 00　羊反刍，卧息，自由运动与饮水。观察羊群以及做其他工作。

22: 00—22: 30　添草，观察羊群。

22: 30—次日6: 30　羊反刍，卧息，自由采食和饮水，饲养员就寝。

说明：产羔期间的接产、助产工作，随时依需要由兽医师安排。

（五）肉羊舍饲或补饲要求

（1）必须做到“五勤”，即眼勤、手勤、腿勤、口勤和脑勤。先喂粗料，中间喂精料，最后喂多汁饲料。喂后饮水，做到少喂勤添，提高肉羊食欲。重视种公羊、妊娠后期和哺乳前期母羊及断奶羔羊的饲养管理。

（2）必须保持“七净”，即草净、料净、水净、槽净、用具净、圈舍净与羊体净。做好“七净”，是肉羊防病保健的重要保证。

（3）一定要始终按照日粮配方备齐饲草料。饲养人员不得随意变更，若需变更，必须经技术人员研究同意后实施。

（4）全天水槽不断水，并放入少量食盐（最好为硒碘盐）。

（5）忌喂劣质发霉、变质、腐烂和异样及陈旧草料。忌饮冰冻水、污染水、陈旧水及其他变质水，水槽每天要经洗净后再倒入净水。饲养员有权不给羊喂、饮以上变质草、料、水。

第二节　肉羊饲养管理技术

一、种公羊的饲养管理技术

种公羊的体质、体况、健康状况、性欲和精液品质的好坏，对羊群的数量发展与品质提高关系极大。种公羊的数量虽少，但种用价值高，对后代的影响大，对提高羊群的生产力起重要作用，故在饲养管理上要求较高。总的原则是始终要精心饲养管理，常年保持中等以上膘情，体质结实，精力充沛，性欲旺盛，精液品质良好。

种公羊分非配种期和配种期两个生理阶段。在正常繁殖季节，实行年产1胎或2胎，种公羊非配种期较长，而配种期较短。在每个配种季节，种公羊配种时间以2~2.5个月为宜，这样也有利于集中产羔和肉羊生产分批安排。

（一）非配种期

在年产1胎繁殖的情况下，非配种期安排为9个月。此期种公羊应保持健康、中等或中上等体况，旺盛的性欲和良好的精液品质。日粮中精饲料与粗饲料搭配比例应适当，粗饲料占口粮的80%~85%，精饲料为15%~20%。每日每只种公羊饲喂混合精料0.3~0.8千克，粗饲料以品质较好、易于消化吸收的豆科和禾本科牧草为主，一般日喂量1.6~1.8千克（草粉1.4千克），并要注意控制采食量，不致形成草腹。种公羊每日运动或活动不少于2~3小时。进入配种期前1~1.5个月要逐渐增加精饲料喂量，加喂0.3~0.5千克多汁饲料（如胡萝卜、南瓜等），注意微量元素补充，保证种公羊达到开始配种时需要的蛋白质、维生素A、维生素E及矿物质营养。在满足种公羊对营养需要的同时，还要对种公羊进行排精检查，开始每周排查1次，逐渐每周2次，配种前增至1~2天排查1次。

（二）配种期

在年产1胎繁殖的情况下，配种期安排为2~3个月。此期种公羊的主要任务是参与配种。故配种期要比非配种期提高营养水平40%~45%，每日每只种公羊饲喂精料0.6~1.5千克，粗饲料、多汁饲料和微量元素添加剂基本同非配种期喂量。种公羊的配种次数以每日配种2次为宜，最多不超过3次，每次配种间隔6小时，以保证种公羊有旺盛的性欲，良好的精液品质及较高食欲为原则。对每日配种次数达到3次以上的种公羊，应补充鸡蛋、鱼粉或鱼肝油等，使种公羊配种期末的体重不致降低到配种前体重以下，这是衡量配种期饲养管理水平优劣的重要标志之一。在配种期，主配种公羊应每周停配1~2天。一定的运动量对种公羊尤为重要，必须保证种公羊每日运动或活动在2小时以上。种公羊所配核心群母羊，应按选配计划执行，并进行必要的登记工作，以检查种公羊选配的效果，提高下次配种质量。对初次配种公羊，可安排参配少量母羊，也要进行排精检查，重视其饲养管理，总结其配种效果，为下次配种利用提供参考依据。配种期结束后，不要立即降低种公羊营养水平，应经过1~2周的配种恢复期，逐渐过渡到非配种期水平（相当配种期水平的70%左右）。

二、繁殖母羊的饲养管理技术

繁殖母羊也称基础母羊，是肉羊生产的基本群体，繁殖母羊分为三个不同的生理阶段，即空怀期、妊娠期和哺乳期。

（一）空怀期

繁殖母羊年生产1胎，空怀期为3~4个月。母羊自羔羊断奶后至下次妊娠前为空怀期。此期母羊饲养管理的主要任务，是实现母羊哺乳后的复膘，为配种妊娠贮备足够营养，以确保秋季的满膘配种，提高受胎率和产羔率。此期母羊以满足维持需要为主，每日每只母羊饲喂精料0.2~0.3千克，供给优质粗饲料即可。这期间要注重放牧，在良好的夏季牧场，保持中等以上体况，才能很快复壮，为配种做好准备。

（二）妊娠期

按母羊生理特点及胎儿发育阶段，此期分为妊娠前期（3个月）

和妊娠后期（2个月）两个阶段。

1. 妊娠前期　此期胎儿发育较慢，仅相当于羔羊出生重的10%~15%。母羊体况较好，饲养水平与空怀期基本相同，应保持中等膘情。妊娠前期可不喂或比空怀期稍多喂0.1千克精料。进入枯草期饲养阶段，营养水平容易降低，则应补饲，适量增加富含蛋白质和维生素A、维生素E饲草料，有利于满足母羊营养及胎儿着床。其他饲养管理措施同空怀期和一般管理。

2. 妊娠后期　此期为5个月妊娠期的最关键时期，胎儿出生重的85%以上要在此期形成。此期母羊连同胎儿的体重较妊娠前期一般增加20%或以上，母羊要为产后泌乳作好必要准备，产前乳房组织要得到充分发育，羊体要为产后贮备大量丰富的营养物质。随着胎儿发育日渐成熟，此期保胎成为重中之重的任务，一定要加强饲养管理。一般情况下，年产一胎的母羊，此期正值冬、春严寒季节气候多变，饲草枯黄，营养水平降低，疫病多发，是一年中繁育条件最差的季节，却也是保膘保胎，实现全产、全活、全壮的高繁殖任务的重要时期，这是一个不容忽视的矛盾，因此必须注重营养、管理、保暖、保健等几个方面。

（1）营养　要在妊娠前期营养基础上，增加15%~25%的营养水平，特别是蛋白质、矿物质中的钙、磷、维生素A、维生素D和维生素E及微量元素的供给尤为重要。参考精料配方：玉米（60%）、麦麸（16%）、棉籽饼（8%）、豆粕（12%）、食盐（1%）、磷酸氢钙（3%）。

（2）饲养　饲草料质量要优，以豆科青干草（如紫花苜蓿、红豆草、沙打旺、箭舌豌豆等）和禾本科青干草（如燕麦、黑麦、苏丹草、羊草、小米草等）为主，日喂量1~1.5千克，适当饲喂母羊优质秸秆、秕壳饲料（如花生蔓、豆类角皮、青稞等），品质好的刺槐叶等树叶类饲料也可作为补充粗饲料。青贮玉米饲喂量宜控制在日粮粗饲料的30%~35%，产前15~20天应停喂，以其他饲料和少量的多汁饲料代替。精饲料以全价配合饲料最好，饲喂量比妊娠前期提高10%~15%，豆类及其豆饼的添加比例可适量增加，日喂精饲料0.4~0.5千克。饲养要求做到前述的“五定”“五勤”“七净”“十观察”和“十七防”等，不可掉以轻心，防止早产、死胎、怪胎、流产等现象的发生。

（3）管理　此期管理的重点是防寒保暖和切实做到“十七防”。做到舍内温度不低于0℃，设有塑料暖棚或暖产房的羊舍，既要保暖，又要保持通风换气。

（4）保健　要使母羊和胎儿健康，还须加强棚舍消毒和兽医卫生保健工作。要按照科学的免疫程序，严格进行免疫注射和驱除寄生虫。一般在母羊产前20~30天，应停止防疫和驱虫。实践证明，由于保健工作滞后，常常造成羊体掉膘，死亡者多在20%以上。妊娠后期仍要坚持母羊每日的适量运动或活动，有利于母羊保持良好体质、保胎和顺利产羔，防止难产、产后体弱与胎衣不下。

（三）哺乳期

按繁殖母羊产乳量和泌乳规律，此期分为哺乳前期（1.5~2个月）和哺乳后期（1~2个月）两个生理阶段。

1. 哺乳前期　母羊分娩后体重减轻20千克左右，体质较弱，消化能力降低，此时要加强母羊的护理。在哺乳前期母乳是羔羊最重要的营养物质来源，尤其是产后15~20天内，几乎是唯一的营养物质来源。哺乳增加了母羊的负担，母羊既要分泌充足和质量优良的乳汁，还要逐渐恢复体质与体重，为此，需要供给母羊优质易消化的饲草料，加强饲养管理。母羊产羔后5~7天，体力和消化功能逐渐恢复，饲喂应以优质青干草为主，前3天仅喂少量具有轻泻性的麸皮加入适量食盐，以后逐渐饲喂少量蛋白质比例较大的混合精料，一周后逐渐增加粗精饲料量，至产后15天饲喂正常量。每日每只母羊饲喂青干草1~1.5千克，混合精料0.5~0.8千克，胡萝卜0.5~0.9千克。产后20天后可饲喂青贮玉米，喂量由少逐渐增加，最多2千克。到此时，母羊营养水平较妊娠后期高约10%，母羊采食量增加，消化吸收能力增强，保证了泌乳的持续稳定和体力的尽快恢复。产后7~20天内，母羔同圈饲养，之后分别组群，每日让羔羊哺乳3~4次，羔羊补充少量精、粗饲料作为营养补充和采食训练。母羊自产羔15天起应逐渐增加运动量。哺乳前期结束，可将母羊精料酌减，羔羊以草粒为主，哺乳为辅。

2. 哺乳后期　此期是母羊产后最大限度地利用饲料转化效果较好的阶段，对母羊保持较高产乳量和很快恢复体力，增强抵抗力关系很大。此期营养水平较哺乳前期可减少15%~20%，仍以优质青粗饲料为主，混合精料为辅。此期保持母羊旺盛的食欲，良好的消化能力和健壮的体质是十分重要的，对羔羊断奶后的母羊进入空怀期奠定良好的基础。

三、羔羊培育

在肉羊整个生长发育阶段，羔羊的生长速度最快。羔羊出生后15日龄体重即可达到出生体重的2倍，到2~3月龄羔羊断奶体重为出生重的5~6倍。羔羊生长阶段是毛绒生长密度大小的重要奠基阶段，羔羊快速长骨长肉则需要良好的营养条件，因此，羔羊培育在肉羊饲养阶段十分重要。

1. 早吃初乳　初乳浓稠，营养丰富，含有羔羊所需的抗体、镁盐（有轻泻作用）和溶菌酶等。早吃初乳可促其胎粪排出，增强对疾病的抵抗力。羔羊生后3~5日龄内必须吃到母羊初乳。若母羊无初乳或初乳很少时，可让羔羊吃同期产羔的母羊初乳或人工配制的初乳，不宜用常乳或乳粉代替。提供3例人工初乳配方，供参考。

配方1：鸡蛋1枚，鱼肝油4毫升，混合饮用。

配方2：鸡蛋1枚，鱼肝油1粒，食盐2克，混合，用100毫升开水冲开，7日龄内每日饮4~6次，每次50毫升。

配方3：小米面蒸熟或炒黄，加红糖或白糖，用开水调成粥状饮用。

2. 羔羊管理　羔羊生后5~7日龄内，应母子同栏饲养，便于哺乳和管理。羔羊7日龄后，可将母子归入哺乳母羊群，20日龄后母子分群管理，给母羊饲喂营养好、易消化的饲草料，精料宜逐渐增加，至产后15日可增到正常饲喂量，以保证母羊有充足乳汁为羔羊食用。

3. 羔羊补饲　羔羊10~20日龄时，即可训练采食优质青草或青干草和开水烫过的精饲料。羔羊30~40日龄内仍以母乳营养供给为主，此后渐转为以草料为主，优质豆科青干草可占40%~60%，谷实类精料以40%~45%为宜。

羔羊精饲料的日喂量：1月龄50~80克，2月龄80~120克，3月龄120~200克，4月龄200~250克。混合精料比例为：玉米（碎粒状）50%，豆类（炒过碎粒状或煮过）25%~30%，麸皮或大麦15%~20%，骨粉1%，食盐1%，富硒微量元素添加剂1%。

羔羊在整个哺乳期内，可自由采食青草和优质青干草。哺乳羊舍或运动场内，要设置专供羔羊补饲草料的补饲圈、补饲槽和饮水槽等，以保证羔羊能完全吃到所供草料，饮用干净卫生的清洁饮水，满足其营养需要。

4. 适量运动　加强羔羊运动或在较宽敞的运动场内活动，是促进羔羊生长发育和增强其适应性的重要措施。羔羊每日活动时间不应少于6小时。

5. 尽早断奶　对供肥羔肉生产的羔羊，可于2月龄左右断奶，3~4月龄加强育肥，增加玉米（占日粮比例为55%~60%）及能量饲料饲喂量，实现4~5月龄左右肥羔生产。

四、育肥羊的饲养管理技术

1. 最佳育肥期　羔羊断奶后至第一次产羔前为肉羊育成期。肉羊1岁前生长发育很快，以生长肌肉、骨骼、内脏为主，这是为其一生奠定基础的重要阶段。同时也是进行肉羊早期育肥，生产肥羔肉的关键时期，故此期是幼龄羊的最佳育肥阶段。肉羊多在6~10月龄育肥出栏，期内平均日增重若能达200克以上，则说明育肥效果较好。

2. 肉羊育肥方式　肉羊育肥方式分为放牧育肥、舍饲育肥和放牧加舍饲的混合育肥3种。纯粹的放牧育肥是以优良天然草场或人工草地为基础的育肥方式，前者仅在我国牧区个别地方品种的局部区域内推行，后者多在国外肉羊业发达国家推行。全舍饲育肥在我国近年来也处于起步阶段，随着肉羊产业逐渐发展，今后将会向专业化生产育肥方向发展。混合育肥有两种形式：一种是在当地先放牧抓膘育肥4~6个月，后期1~2个月进行短期强度催肥；另一种是在草原牧区夏、秋季抓膘育肥，秋后转到农牧区或农区进行短期舍饲强度催肥。这两种形式在我国较多见。总的来说，不同育肥方式要因地因时制宜，视条件而定，比较其利弊，同时也应与时俱进，而非一成不变的。就我国广大地区而言，目前和今后较长时期进行混合育肥是肉羊育肥生产的主要形式之一，适合我国国情与畜牧业生产特点。有条件地区也可积极推广舍饲育肥，为专业化肉羊育肥提供借鉴和经验。

在本章第一节中，已专门论述过肉羊不同饲养方式、主要技术原则。肉羊不同育肥方式的具体实施技术和应达到的出栏体重，则根据肉羊育肥的日粮特点（如能量饲料与蛋白质饲料多少与精、粗料比例）、不同育肥阶段的日粮数量变化及育肥时间长短和肉羊的品种、年龄、性别、饲养方式、营养水平、育肥方法、季节等因素进行调整，有针对性地在某一阶段实施有特色的培育措施。

3. 育肥前的准备　育肥前1~2周，要进行羊群驱虫和必要的免疫注射。公羊也可去势，便于育肥管理。准备好育肥饲草料，并做好育肥羊舍的清洁、消毒及规范管理，制订全年育肥出栏计划。

4. 育肥期的营养供给　此期应为育肥羊连续较均衡地提供所需营养，满足肉羊营养需要，提高饲料利用率，避免出现波浪形育肥。通常肉羊品种育肥比非肉羊品种育肥达同一体重时，可减少热能消耗或增重10%~15%，故品种选择很重要。

5. 舍饲育肥　舍饲育肥以青绿饲料（如青饲料、青贮料、青干草等）为主，粗饲料占日粮的40%~65%。每日每只育肥羊需青饲料4~5千克，青干草0.5~1.5千克。精饲料的日喂量为：4~5月龄250~300克，5~6月龄300~400克，6~9月龄400~600克，9~12龄600~750克。青、粗饲料都应多样化，易消化，适口性好。

6. 分群管理　育肥公、母羊应按月龄、强弱分群饲养管理，按其不同特点实施科学育肥。

7. 育肥环境　育肥应重视实施育肥生活环境的优化，消除不利影响，保障育肥效果。要求安静舒适，最低室温应在7℃以上，最高室温宜在27~30℃，相对湿度60%~65%。

8. 分阶段适量运动　育肥初期肉羊以生长肌肉和骨骼为主，内脏器官也增长较快，此时应有较多运动或活动；育肥中期运动量可逐减；育肥末期（一般1~2个月）可限量运动，减少能量消耗。羊只体况在中等以上，一般8~12月龄应限量运动，减少能量消耗，使羊只体况保持中上等以上即可出栏。

9. 饲料配方　肉羊育肥一般包括羔羊（幼龄羊）育肥和成年羊（老弱淘汰羊）育肥。针对不同类型，实施专门的育肥方法，而育肥羊的饲料配方科学与否，对育肥效果至关重要。现推荐几种羔羊育肥饲料配方，供参考。

配方1：玉米50%、油（豆）饼25%、麦麸25%，加适量微量元素添加剂。

配方2：玉米面50%、麦麸40%、花生饼或（豆）饼10%，尿素10克，加适量微量元素添加剂，用于奶山羊羯羔育肥。

配方3：玉米40%、油（豆）饼50%、麦麸8%，矿物质饲料2%，用于毛皮用羊羔羊育肥。

配方4：玉米55%、麦麸15%、豆粕10%、棉粕5%、尿素5%、生物料8%、食盐1%、微量元素添加剂1%，用于4~5月龄肉用山羊羔育肥。

配方5：玉米50%、豆饼28%、大麦12%、麦麸4%、苜蓿粉1%~1.6%、蜜糖2%~3%、食盐0.5%、碳酸钙0.8%~0.95%、磷酸钙1.8%、微量元素添加剂0.3%，用于山羊羔育肥。

配方6：玉米60%、麦麸10%、豆粕11%、菜籽饼7%、苜蓿粉9%、磷酸氢钙1%、食盐1%、微量元素添加剂1%。

配方7：玉米55%~60%、豆饼10%~16%、油饼8%、麦麸20%、骨粉1.5%、食盐0.5%~1%。

配方8：适用于舍饲强度育肥，通常将育肥期分为育肥前期、育肥中期和育肥后期，每期各安排20天。

育肥前期：玉米49%、麦麸20%、油饼10%、豆粕20%、石粉或骨粉1%、微量元素添加剂20克、食盐5~10克，每日每只饲喂0.5~0.6千克。

育肥中期：玉米55%、麦麸20%、豆饼8%、豆粕16%、石粉或骨粉1%，每日每只饲喂0.7~0.8千克。

育肥后期：玉米65%、麦麸14%、油饼8%、豆粕12%、石粉或骨粉1%、微量元素添加剂20克、食盐10克。

配方9：玉米45%、麦麸25%、油饼10%、大麦或青稞15%、矿物质粒3%、食盐2%，用于放牧加补饲羔羊育肥。

配方10：燕麦30%、大麦30%、麦麸22%、豆饼15%、矿物质2%、食盐1%，此配方为德国肉羊育肥专用配方。

配方11：玉米32.8%、大麦10%、燕麦14%、麦麸10%、向日葵饼8%、脱脂奶粉5%、豆饼10%、饲用干酵母3%、废糖蜜5%、微量元素0.5%、白垩1.1%、食盐0.6%。此配方为保加利亚育肥羔羊颗粒饲料配方，适用于30~60日龄羔羊。

配方12：玉米35%、大麦8.9%、麦麸6%、向日葵饼18.9%、苜蓿粉30%、微量元素0.5%、白垩0.3%、食盐0.4%，此配方为保加利亚育肥羔羊颗粒饲料配方，适用于30~60日龄羔羊。

配方13：玉米49.9%、大麦20%、麦麸5%、向日葵饼21%、饲用干酵母2%、白垩1.1%、食盐1%，此配方为保加利亚肉羊育肥配方，适用于60日龄羔羊。

五、年度计划安排

一个肉羊生产场或企业，必须制订各类育肥羊生产的全年计划，使生产经营能有效进行，获得最佳效益。肉羊生产年度计划安排一定要结合当地实际情况，灵活应用。表6-1为某羊场肉羊育肥生产工作年历，供广大肉羊养殖户参考。

表6-1 肉羊育肥生产工作年历

月份	主要任务	具体生产环节与技术工作		
		饲养要点	兽医卫生保健	管理要点
12月~翌年1月 2~3月 3~5月 12月~翌年11月	产冬羔育肥 产早春羔育肥 产晚春羔育肥 周岁羊育肥	①加强哺乳期羔羊培育； ②断奶后集中强度育肥2~4个月； ③适时出栏肥羔，面市小肥羊、中肥羊和大肥羊； ④育肥配套技术作保证。实行舍饲育肥、放牧育肥和半舍饲半放牧的混合育肥。制定育肥指标与目标	①育肥前做好预防免疫； ②驱除体内外各种寄生虫，一般周岁育肥羊春季、秋季各1次； ③注重消毒、检疫，必要时采取隔离措施； ④做好常见病防治	以防寒、消暑、保膘和灭病为工作重点，利用最佳时期，短期内达到最理想、最好经济效益时育肥出栏
8~9月	产秋羔育肥	①加强哺乳期羔羊培育； ②1.5月龄早期断奶羔羊，实施2~3月龄舍饲催肥，“双节”期间出栏； ③制定舍饲催肥方案和相应的配套技术，并制定明确的育肥指标和目标	①育肥前做好预防免疫； ②驱除体内外各种寄生虫，一般周岁育肥羊春季、秋季各1次； ③注重消毒、检疫，必要时采取隔离措施； ④做好常见病防治	抓住秋季牧草丰盛的有利时节，配合使用育肥精料，缩短育肥时间，强度育肥出栏，获取最大效益

续表

月份	主要任务	具体生产环节与技术工作		
		饲养要点	兽医卫生保健	管理要点
7~11月	老龄羊和低生产力淘汰羊育肥	①对此类羊可抓住夏、秋季牧草茂盛和农作物副产品丰盛之时，配合必要的育肥精料直线催肥； ②“双节”期间或10月初出栏最宜	①防疫注射三联四防苗或四联五防苗，另视当地多发疫病，选择性进行免疫； ②育肥初期和中期，以驱除消化、呼吸系统的寄生虫为主； ③坚持做好消毒、检疫、隔离及病弱羊妥善处理工作； ④做好普通病防治工作，以防掉膘	以消暑、防寒、催肥增膘为工作中心，用最快的速度达到最佳出栏标准，是此阶段管理工作的唯一目标

第三节　肉羊一般生产管理技术

肉羊一般生产管理技术是肉羊生产的一个重要管理环节，对各类羊实行精细管理，有利于羊群高效生产。因此，必须重视肉羊的日常生产管理。一般生产管理包括组群、编号、断尾、去势、剪毛、抓绒、药浴、修蹄、运动、羊舍管理等环节。

一、组群

合理组织羊群，既节省劳动力，又便于羊群管理，提高生产效率。因此，要根据肉羊的特性和牧区、农区、半农半牧区及山区的草场条件，按品种、性别、年龄来组织羊群。

通常将羊群分为种公羊群、基础母羊群、育成公羊群、育成母羊群及羔羊群。羔羊群以各羊场实际产羔数、日龄单独组群，一般以不超过30~50只为宜。农区羊群宜小不宜大，一般以50~60只组群。农牧区可适量加大羊群数量，以60~100只为宜。牧区草场面积宽广，羊群数量可大一些，一般为100~300只。育肥羊群数量应大于同龄的母羊群。肉羊群体大小应以有利于饲养管理和提高经济效益为原则，过大对肉羊的生长发育、健康保健和集约管理不利，过小则造成管理人员和羊舍建造的浪费。

二、编号

编号对于羊只识别和选种选配是一项必不可少的基础性工作，常用的方法有带耳标法、剪耳法、刺墨法和烙角法。

带耳标法是目前应用较多的一种编号方法，耳标有塑料耳标和金属耳标两种，形状有圆形和长条形，以圆形为好。塑料耳标使用方便，将羊的出生年及个体号用耳号笔写上就行。一般习惯将羊号均编四位数，首位数系该羊出生年份的末位数，如2011年出生者，耳号首位数为“1”，后三位数为当年全场出生羔羊顺序号，公羊编单号，母羊编双号，公羊号编在左耳后缘下二分之一处，母羊号编在右耳后缘下二分之一处。羔羊断奶后，结合个体鉴定编永久号。金属耳标是用钢字钉将羊的出生日期及个体号打在耳标上，目前应用的不多。编号时，应避开血管，严格消毒，以防感染。安好耳标后要注意有个别羊只掉号者应及时补号，以防为后期管理带来不便。剪耳法是利用缺口耳号钳在羊耳朵边缘打缺口，不同的耳缺，代表不同的数字，再将几个数字相加，即得所要的耳号。一般为左耳缺口表示个位，右耳表示十位，前1后3，左耳尖缺口为100，右耳尖缺口为200，左耳尖剪齐为400，右耳尖剪齐为500，如图6-1所示。

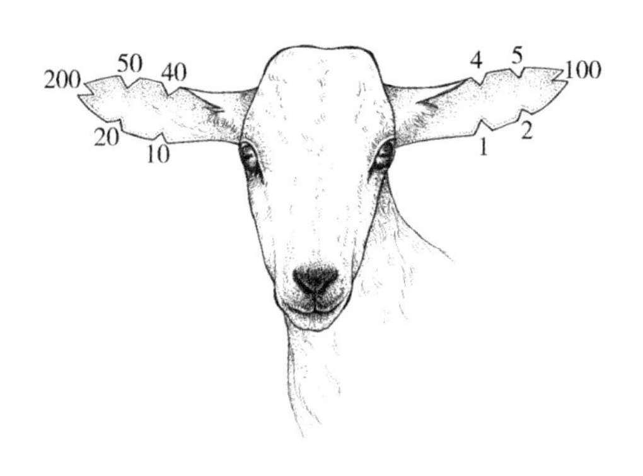

图6-1　个体编号示意图

三、断尾

对长瘦尾绵羊，为保持尾下周围羊毛不被粪尿污染而获较好产量与良好品质，便于配种，常进行断尾。

断尾一般在羔羊7~15日龄时进行，即将尾椎骨第3~4节以下断掉。通常多用断尾钳法和弹力法。断尾钳法也称烧烙断尾法，是用特制的半圆形缺口的木板将羔羊尾巴套住，置于木凳上（木凳上最好铺一层铁皮，以免断尾时将木凳烫坏），将断尾钳烧成暗红色，在第3~4尾椎间切开。切的速度不宜过快，否则不能止血。断尾后将皮肤恢复原位，包住创口，创面用5%碘酊消毒。断尾后1~2天出现肿胀，属正常现象。一次断下并烧烙止血消毒。弹力法是用橡皮圈在3~4尾椎之间紧紧扎住，阻断血液流通，经10~15天尾巴自行脱落。使用时，先剪去拟断尾处羊毛，用5%碘酒消毒，然后用特制的弹力断尾钳撑开特制或自制的橡皮圈，套在断尾处即可。若无特制钳，可用手将橡皮带（剪自行车内带或羊用假阴道内胎可代替）均匀缠紧于断尾处。此法简单易行，不出血，不感染，值得推广。另有剪断法和铲断法不多用，不详述。

四、去势

去势的目的是为了便于管理和减少羊肉膻味。凡不作种用的公羔或公羊一律去势。

公羔在生后2~3周去势为宜，如遇雨天或体弱的羔羊，可适当延迟。去势多采用割阉法和橡皮圈结扎法。割阉法指用手术刀切开阴囊，摘除睾丸。手术前阴囊外部消毒，术者一只手握住阴囊上方，以防睾丸回缩至腹腔内，另一只手持手术刀切破阴囊一侧皮肤，长度以能挤出睾丸为度，然后割破睾丸外膜，待白膜出现时，将其外层组织向上挤向精索，一手抓紧精索，另一只手抓紧睾丸连同白膜上的筋膜一起拧转若干圈，待血流中断后，双手反向用力掐断或撕断精索，然后割开阴囊纵隔，用同法摘除另一侧的睾丸。睾丸摘除后向阴囊内部撒布60万~80万单位青霉素，外口涂抹5%碘酒消毒，即完成去势全过程。也可从阴囊下端用刀切或剪刀剪一段能挤出睾丸的破口，按上法分别摘除两个睾丸。采用橡皮圈结扎法去势时，将公羔睾丸用手挤进阴囊内，用橡皮圈紧紧结扎阴囊上部，阻断睾丸血液流通，15日后，阴囊及睾丸萎缩后自行脱落。

五、剪毛

绵羊于每年春、秋季节各剪毛1次（细毛羊、半细毛羊及其高代杂种羊仅春季剪1次毛）。我国各地大体剪毛时间分别在4月下旬至6

月下旬，8月中、下旬至9月中旬，具体时间根据当地气候变化情况和羊群膘情而定，最好在气候稳定和羊体质恢复之后进行。剪毛要求毛茬平整，不剪伤皮肤，不剪“二刀毛”（也叫“重剪毛”），毛茬要低（一般不高于1厘米），剪毛按先右侧后左侧，由高处向低处剪，保持整个操作的完整性。剪毛时间要选晴朗无风天气，剪毛前，让羊绝食12小时以上，停止饮水5小时左右。剪毛后要防雨淋、日光暴晒、感冒等。

六、抓绒

每年春季，当绒山羊绒快脱离皮肤时，就要进行绒山羊抓绒工作。

抓绒前的准备与要求同绵羊剪毛。抓绒时将山羊倒放抓绒板（台）上，把羊角和两后肢固定，先用粗梳梳去体表杂物与粪便。在风沙区、高寒区和湿热区先剪去绒层上面羊毛，然后用粗梳子逆毛方向梳抓羊绒，再用细梳顺毛方向梳完所有羊绒。之后纵翻羊体（禁忌横翻），从羊另一侧向上抓绒，直至全身抓完绒为止。一般留在羊体上的羊毛不剪，以保暖腹部，防止羊只患病。

七、药浴

选择晴朗无风无云天气，于剪毛、抓绒后7~10天及时组织羊药浴，以防疥癣等皮肤病发生。如间隔时间过长，则毛长不易浸透。药浴使用的药剂常用0.5%~1.0%敌百虫水溶液、0.05%锌硫磷乳油水溶液、速灭菊酯（80~200毫克/千克）、溴氰菊酯（50~80毫克/千克）和螨净等。

药浴分为池浴和淋浴两种。池浴是在专门建造的药浴池内进行，药浴的深度以没及羊体为原则，水温保持在38~40℃，羊出浴后在滴流台上停留10~20分钟。淋浴在淋浴场内进行，每只羊淋浴时间在1分钟以上，出浴后在滴流台停留约3分钟。如需要可间隔一周再进行第2次药浴。药浴前8小时停止给羊喂料，药浴前3小时前给羊充足饮水，以免羊饮药液。先浴健康羊，后浴病弱羊。药浴后5~6小时可转入正常饲养。

八、修蹄

羊蹄生长较快，如不修整，易造成畸形、系部下坐、羊行走不便，影响采食。因此，每年每隔3~5个月应进行一次修蹄。

修蹄一般在雨后进行，这时羊蹄质变软，易修蹄。修蹄工具主要有修蹄刀、修蹄剪或普通镰刀片和果枝剪。修整羊前蹄时，修蹄者可半蹲在羊体一侧，将羊前蹄向后抬起至蹄底向上，先将过长的蹄壳用修蹄剪剪去，然后用修蹄刀将蹄底的边缘修整到和蹄底一样平整。修整羊后蹄时，可将羊后腿向后抬起，使蹄底向上至适当高度时开始修蹄。修蹄时一定要注意慢慢地一层层修整，避免一刀削的过厚，防止出血。

为防止羊发生蹄病，平时要注意保持运动场及圈舍的地面干燥，勤打扫，勤垫圈，并做好地面消毒工作。

九、运动

适当运动可以促进肉羊的新陈代谢，增进体质，提高抗病力。舍饲的羊群可进行驱赶运动，每日运动2~4小时。放牧羊群的运动常结合放牧过程完成，要求每天运动时间应不少于6小时。羊的运动量并不是越大越好，若运动过量，体能消耗严重，不利于生长增膘。酷暑、严寒和大风沙的天气要减少或停止运动。

羔羊最好在高低不平的土丘上运动。哺乳期羔羊加强运动，可使其食量增加、消化吸收好，增进机体的代谢水平，防止腹泻，有利于提高羔羊的成活率和生长发育。育成羊加强运动，有助于骨骼的发育。运动充足的羊，胸部开阔，心肺发育好，消化器官发达，体格高大。母羊适当运动，则性欲旺盛，受胎率提高。母羊妊娠前期加强运动，可以促进胎儿的生长发育；妊娠后期坚持运动，可以预防难产；产后适当运动，可以促进子宫提前复位。

十、羊舍管理

羊舍要经常保持良好通风、清洁、干燥，室内温度以冬暖夏凉为最好，冬季室内气温应不低于0℃，产羔室不低于5℃，夏季不高于30℃。不少养羊户往往只注意羊舍的保温而忽视舍内的通风换气，从而造成空气中的污染物质大量积聚，导致羊患病。所以在冬季养羊通风和消毒工作不能忽视。北方寒冷地区圈舍通常不清圈，以积粪供羊保暖，其他地区在全年里应每天清除粪尿1~2次，保持舍内清洁卫生。产羔室面积应不少于羊舍总面积的20%，以保证每只产羔母羊有5天左右时间与羔羊一起在产羔室喂养，产羔室的管理更要细心、严格，避免过冷（零下低温）和过堂风等侵袭。

第七章　肉羊常见疾病及其防治

第一节　肉羊疾病防治的基本原则

肉羊规模化生产，必须严格执行“预防为主，治疗为辅”的基本原则，加强卫生防疫，减少疾病的发生。一旦羊只发病，要及时诊疗，控制病情。因此，肉羊卫生防疫和疾病防治是做好优质肉羊生产的关键环节。

一、加强饲养管理

加强日常饲养管理工作，提高肉羊体质，增强羊群抗病力。经常检查羊只的营养状况，防止某些营养物质的缺乏，对于妊娠后期母羊和育成羊更应加以注意。防止采食霉烂的饲草、毒草和喷过农药不久的牧草。羊只不能饮用死水和污水，以减少寄生虫和病原微生物的侵袭。羊舍要保持清洁、干燥、通风。如果是舍饲的肉羊，还要保持适量的运动。

二、坚持做好消毒工作

消毒的目的是为了杀灭病原微生物，消灭传染源，防止传染病在羊群中传播。在日常管理工作中，坚持每个月进行一次环境消毒，消毒的对象是羊舍、用具和运动场等。如果发生传染病，要对被病羊污染的羊舍、场地及一切接触的用具进行彻底消毒。对于病死的羊只，不得随意剥皮吃肉或乱扔，要在兽医的监督下，采用焚烧、掩埋或高温消毒等方式处理。羊舍的粪便要集中堆积，密封发酵，以便杀死粪中的病原微生物和寄生虫的卵及蚴虫。

（一）消毒要制度化、经常化

羊场必须建立严格的消毒制度，并按制度规范操作，各种用具必须按制度定期进行消毒。保持羊场、羊舍门口消毒池消毒液的新鲜度。一般情况下，羊舍消毒每月进行1次。产房的消毒，在产羔前进行1次，产羔高峰时进行多次，产羔结束后再进行1次。在病羊舍、隔离舍的出入口处应放置消毒液的麻袋片或草垫。遇有疫情发生应加强消毒工作，可适当增加临时消毒次数。

（二）消毒剂选择原则

（1）消毒剂必须对人和肉羊安全，对设备没有破坏性、没有残留毒性，消毒剂的任一成分都不能在肉中产生有害积累。

（2）要根据消毒现场选择适当的消毒方法。常用的消毒药品有20%新鲜石灰水、1%~2%烧碱、3%来苏尔和5%热草木灰水等。

（3）根据病原微生物有针对性地选择消毒剂。

（三）消毒方法

消毒前要把消毒的对象清洗干净，然后洒上兑好的消毒水，才能达到消毒的目的。

（1）羊舍消毒液的用量以羊舍内每平方米面积用1升药液的量配制，根据药物用量说明来计算。将消毒液盛于喷雾器内，喷洒地面、墙壁、天花板、饲槽和用具等，然后再开门窗通风。

（2）地面消毒可用含2.5%有效氯的漂白粉溶液、1%氢氧化钠溶液。

（3）污水消毒最常用的方法是将污水引入污水处理池，加入化学药品（如漂白粉或生石灰）进行消毒。消毒药的用量视污水量而定，一般1升污水用2~5克漂白粉。

（4）羊的粪便消毒方法有多种，最实用的方法是生物热消毒法，即在距羊场100~200米以外的地方设一堆粪场，将羊粪堆积起来，上面覆盖10厘米厚的沙土，堆放发酵30天左右，即可用作肥料。

三、加强检疫

严格进行入场检疫、收购检疫、运输检疫和屠宰检疫等，只有经过检疫未发生疫病时，才能从非疫区购羊。经当地兽医检疫部门检疫，并签发检疫合格证明书，运抵目的地后，再经本场或专业户所在地兽医验证，检疫并隔离观察1个月以上，确认为健康者，进行驱虫、消毒，注射疫苗，然后方可与原有羊群混合饲养。羊场采用的饲料和用具，也要从安全地区购进，以防疫病传入羊场。

当羊场羊群发生传染病时，应采取紧急措施处理病羊，就地扑灭，以防蔓延。生产中常用处理病羊的方法是活羊隔离观察治疗和死羊焚烧或深埋，同时封锁疫区。

四、定期进行免疫接种

（一）免疫原则

（1）肉羊场必须制订合理的免疫计划。一般情况下，防疫针一年注射两次，并根据当地历年发生传染病的情况，选用相应的疫苗。

（2）使用的疫苗要确保质量，免疫的剂量准确，方法得当。如有炭疽病发生的地区，用无毒炭疽芽孢苗在羊颈部皮下注射0.5毫升，接种两个星期内产生免疫力，免疫期一年。传染性胸膜炎可用传染性胸膜肺炎氢氧化铝菌苗进行预防注射，6月龄以下的羊皮下注射3毫升，6月龄以上的羊注射5毫升，注射后14天产生可靠免疫力，免疫期一年。有肠毒血症、羊快疫、羊猝狙病的地方应注射“羊用三联苗”，用量及用法按使用说明书或标签的说明应用。

（3）免疫前后要注意保护好羊群，避免各种应激。免疫期间对羊群增加一些维生素E和维生素C等，以提高免疫效果。

（二）免疫程序

在时常发生某种传染病的地区，或有某些传染病潜在危险的地区，应有计划地对健康羊群进行免疫接种。各地区、各羊场可能发生的传染病各异，要根据疫苗的种类、免疫次数和免疫期制定出适合羊场的免疫程序。目前，我国用于预防羊主要传染病的疫苗有以下几种，其种类和使用方法见表7–1、表7–2。

表7–1 肉羊的免疫程序

<table>
<tr><th>日期</th><th>疫（菌）苗</th><th>病名</th><th>免疫途径</th><th>剂量</th><th>免疫范围</th><th>免疫期</th></tr>
<tr><td rowspan="2">2月</td><td>羊链球菌氢氧化铝菌苗</td><td rowspan="2">羊链球菌病</td><td>皮下注射</td><td>5毫升</td><td>各龄羊</td><td rowspan="2">1年</td></tr>
<tr><td>羊链球菌弱毒菌苗</td><td>按标签说明</td><td>按标签说明</td><td>各龄羊</td></tr>
<tr><td>2月</td><td>羊口疮弱毒细胞冻干苗</td><td>羊口疮病</td><td>口唇黏膜注射</td><td>0.2毫升</td><td>各龄羊</td><td>5个月</td></tr>
<tr><td>3月</td><td>羊四防苗</td><td>羊快疫、羔羊痢疾、羊猝狙、羊肠毒血症</td><td>皮下或肌肉注射</td><td>5毫升</td><td>各龄羊</td><td>6个月</td></tr>
<tr><td>3月</td><td>羊大肠杆菌苗</td><td>羊大肠杆菌病</td><td>肌肉注射</td><td>3月龄以下1毫升，3~12月龄2毫升</td><td>1岁以下羊</td><td>6个月</td></tr>
<tr><td>3月</td><td>Ⅱ号炭疽孢苗</td><td>炭疽病</td><td>皮内或皮下注射</td><td>皮内注射1毫升，皮下注射2毫升</td><td>各龄羊</td><td>6个月</td></tr>
</table>

续表

日期	疫(菌)苗	病名	免疫途径	剂量	免疫范围	免疫期
4月	羊痘疫苗	羊痘	尾根内侧皮内注射	0.5毫升	各龄羊	12个月
4月	山羊传染性胸膜肺炎	传染性胸膜肺炎	皮下或肌肉注射	6月龄以下3毫升，6月龄以上5毫升	各龄羊	12个月
5月	牛O型口蹄疫灭活苗	口蹄疫	肌肉注射	6月龄以上2毫升，3~6月龄1毫升	3月龄以后	6个月
5月	布氏杆菌活疫苗	布氏杆菌病	口服	5毫升	各龄羊	12个月
8月	羊链球菌苗	羊链球菌病	皮下注射	3毫升	各龄羊	6个月
9月	羊四防苗	羊快疫、羔羊痢疾、羊猝狙、羊肠毒血症	皮下或肌肉注射	5毫升	各龄羊	6个月
9月	羊大肠杆菌苗	羊大肠杆菌病	肌肉注射	3月龄以下1毫升，3~12月龄2毫升	1岁以下羊	6个月
9月	Ⅱ号炭疽芽孢苗	炭疽病	皮内或皮下注射	皮内1毫升，皮下2毫升	各龄羊	6个月
9月	牛O型口蹄疫灭活苗	口蹄疫	肌肉注射	6月龄以上2毫升，3~6月龄1毫升	3月龄以下不用	6个月

表7-2 肉羊常用疫苗（菌苗）

名称	预防的疫病	用法及用量说明	免疫期
Ⅱ号炭疽芽孢苗	羊的炭疽病	皮下注射1毫升，注射后14天产生免疫力	1年
布氏杆菌羊型5号弱毒冻干菌苗	布氏杆菌病	用适量灭菌蒸馏水，稀释所需的量，皮下或肌肉注射，每只羊为10亿活菌；室内气雾每只羊剂量为25亿活菌；室外气雾（露天避风处）每只羊剂量50亿活菌	18个月

续表

名称	预防的疫病	用法及用量说明	免疫期
破伤风抗毒素	紧急预防和治疗破伤风病	皮下或静脉注射，治疗时可重复注射一次到数次。预防量1万~2万单位，治疗量2万~5万单位	2~3周
羊梭菌病四防氢氧化铝菌苗	羊快疫、羊猝狙、羊肠毒血症、羔羊痢疾	无论羊年龄大小，一律肌肉或皮下注射5毫升	6个月
山羊传染性胸膜肺炎氢氧化铝苗	山羊传染性胸膜肺炎	山羊皮下或肌肉注射：6个月山羊5毫升，6个月以内羔羊3毫升	1年
羊痘鸡胚化弱毒苗	羊痘病	用生理盐水25倍和释，振匀，每只0.5毫升皮下注射，注射后6天产生免疫力	1年
羊口疮弱毒细胞冻干苗	羊口疮病	按每瓶总头份计算，每头份加生理盐水0.2毫升，在阴暗处充分摇匀，采用口唇黏膜内注射0.2毫升，注射是否正确，以注射处呈透明发亮的水疱为准	5个月
狂犬病疫苗	狂犬病	皮下注射，每只羊10~25毫升，如羊已被病犬咬伤时，可立即用本苗注射1~2次，两次间隔3~5天，以作紧急预防	1年

五、定期驱虫

羊场应制订驱虫计划。每年根据当地寄生虫病的流行情况，至少在春、秋两季选用广谱驱虫药各驱虫一次。在我国的南方地区，应根据具体情况，增加驱虫次数。驱虫后10天内的粪便应每天收集起来，进行密封发酵处理，杀死虫卵和蚴虫。

预防性驱虫是根据流行病学调查，定期采取对肉羊全部投药的驱虫。预防性驱虫对全面控制肉羊寄生虫病具有重要意义。预防性驱虫所用的药物有多种，应根据寄生虫病的流行情况选择应用。丙硫咪唑具有高效、低毒、广谱的优点，对羊常见的胃肠道线虫、肺线虫、肝片吸虫和绦虫均有效，可同时驱除混合感染的多种寄生虫，是较理想的驱虫药物。使用驱虫药时，要求剂量准确，并且要先做小群驱虫试验，取得经验后再进行全群驱虫。应有针对性地选择驱虫药，交叉使用2~3种驱虫药或重复使用两次都会取得较好的驱虫效果。

六、定期药浴

药浴是防治羊的外寄生虫病，特别是羊螨病的有效措施，可在剪毛后10天左右进行。药浴液可用0.1%~0.2%杀虫醚水溶液、1%敌百虫水溶液、速灭杀丁80~200毫升或溴氰菊酯50~80毫升。药浴可在特建的药浴池（桶）内进行，或在特设的淋浴场淋浴。每年春、秋两季对羊只进行药浴一次，可起到防治外寄生虫病（羊疥癣、羊虱等）的作用。

七、重视羊场的环境卫生

养羊的环境卫生好坏，与疫病的发生有密切关系。羊舍、羊圈、场地及用具应保持清洁、干燥，每天清除圈舍、场地的粪便及污物，将粪便及污物堆积发酵。羊的饲草和饮水应当保持清洁、干燥、无霉。清除羊舍周围的杂物、垃圾及乱草堆等，填平死水坑，认真开展消毒，杀灭蚊、蝇及老鼠。

八、预防毒物中毒

（一）不喂含毒植物的叶、茎、果实及种子

在山区或草原地区，生长有大量的野生植物，是肉羊的良好天然饲料来源，但有些植物含毒，例如疯草和狼毒草等。为了减少或杜

绝中毒的发生，在建场前要调查当地草原有毒植物的种类和分布，不在生长有毒植物的区域内放牧，或实行轮作，铲除毒草。

（二）注意饲料的调制、搭配和贮藏

有些饲料本身含有有毒物质，饲喂时必须加以调制。如棉籽饼经高温处理后可减毒，按一定比例同其他饲料混合搭配饲喂，就不会发生中毒。有些饲料如马铃薯若贮藏不当，其中的有毒物质会大量增加，对羊有害，因此应贮存在避光的地方，防止变青发芽。要把饲料贮存在干燥通风的地方，饲喂前要仔细检查，如果发霉变质，应舍弃不用。

（三）妥善保存农药及化肥

一定要把农药和化肥放在仓库内，对其他有毒药品如灭鼠药等的运输、保管及使用由专人负责，以免误作饲料，引起中毒。被污染的用具或容器应消毒处理后再使用。喷洒过农药和施有化肥的农田排水，不应作羊的饮用水。工厂附近排出的水或池塘内的死水，也不宜让羊饮用。羊发生中毒时，要查明原因，除去毒物，应用解毒药或特异性解毒药，紧急救治。

九、传染病的防控

（一）严格检疫制度

从可靠羊场购买肉羊，不得从疫区购买肉羊。所购羊只必须经过兽医部门检疫合格后，才能运回本场内饲养。购回羊只必须隔离饲养一个月，经仔细观察无病后，才能放入羊群中饲养。

（二）传染病防控措施

1. 隔离治疗　肉羊生产中一般把羊群分为三种：一是健康羊，即没有与病羊有过任何接触的羊只，处理方法是注射疫苗或药物预防；二是可疑感染羊，即与病羊有过接触，但尚未表现症状的羊只，除进行疫苗或药物预防外，应细致观察30天以上，不发病时方可与健康羊合群；三是病羊，要及时做出诊断，再进行药物治疗。隔离期内，应禁止人羊、用具、粪便等出入，并严格遵守消毒制度。

2. 尸体处理　病死羊尸体要焚烧或深埋，不得随意抛弃或食用。对没有治疗价值的病羊，也应按有关规定进行严密处理，尤其是在解剖检查后彻底处理尸体。

第二节　肉羊的疫病防治

一、肉羊常见传染性疾病

（一）口蹄疫

口蹄疫是由口蹄疫病毒引起的急性、热性、高度接触性的一类传染病。主要侵害偶蹄兽，以发热、口腔黏膜及蹄部和乳房皮肤发生水疱和溃烂为特征。

1. 流行病学　口蹄疫病毒属于微核糖核酸病毒科口蹄疫病毒属。目前已知口蹄疫病毒在全世界有7个主型，即A、O、C、南非1、南非2、南非3和亚洲1型，以及65个以上亚型。O型口蹄疫为全世界流行最广的一个血清型，我国流行的口蹄疫主要为O、A、C三型及ZB型。一个地区的羊群经过有效的口蹄疫疫苗注射之后，1~2月内又会流行，这往往怀疑是另一型或亚型病毒所致。

绵羊、山羊对口蹄疫病毒易感，偶尔感染人。本病具有流行快、传播广、发病急、危害大等流行病学特点，疫区发病率可达50%~100%，羔羊死亡率较高。病羊和潜伏期肉羊是最危险的传染源，病羊的水疱液、乳汁、尿液、口涎、泪液和粪便中均含有病毒。该病入侵途径主要是消化道，也可经呼吸道传染。本病传播虽无明显的季节性，且春秋两季较多，风和鸟类也是远距离传播的因素之一。

2. 临床症状

（1）良性口蹄疫　该病潜伏期1~7天，平均2~4天，病羊精神沉郁，闭口，流涎，体温40~41℃。发病1~2天，其齿龈、舌面、唇内面可见到蚕豆到核桃大的水疱和溃疡，涎液增多，趾间及蹄冠的柔软皮肤上也发生水疱，会很快破溃，然后逐渐愈合。有时在乳头皮肤上也可见到水疱。本病一般呈良性经过，经一周左右即可自愈，若蹄部有病变则可延至2~3周或更久。死亡率1%~2%。

（2）恶性口蹄疫　有些病羊在水疱愈合过程中，病情突然恶化，全身衰弱、肌肉发抖，心跳加快、节律不齐，食欲废绝、反刍停止，行走摇摆、站立不稳，往往因心脏麻痹而突然死亡，死亡率高达25%~50%。羔羊发病时往往看不到特征性水疱，主要表现为出血性胃肠炎和心肌炎，死亡率很高。怀孕母羊可导致流产。

3. 剖检变化　口腔、蹄部等处出现水疱和烂斑外，严重者咽喉、气管、支气管和前胃黏膜有时出现烂斑和溃疡，真胃和肠黏膜有出血性炎症。心包膜有出血斑点，心肌切面有灰白色或淡黄色的出血斑点或条纹，称为“虎斑心”，心脏似煮熟状。

4. 诊断　口蹄疫病变典型易辨认，结合临床病学调查和剖检变化不难作出初步诊断，为进一步确诊可采用动物接种试验、血清学诊断及鉴别诊断等。

5. 预防　病羊疑似口蹄疫时，应立即报告防疫机关，病羊就地封锁隔离，发病羊群扑杀后要无害化处理，工作人员外出要全面消毒，病羊吃剩的草料或饮水要烧毁或深埋，羊舍及附近场地用2%苛性钠喷洒消毒，以免散毒。对疫区周围牛羊，紧急接种与当地流行的口蹄疫毒型相同的灭活苗，用量、注射方法及注意事项须严格按疫苗说明书执行。疫区封锁必须在最后一头病羊痊愈、死亡或急宰后14天，经全面大消毒才能解除。

6. 治疗　应用口蹄疫高免血清或康复动物血清进行被动免疫，按每千克体重0.5~1毫升皮下注射，免疫期约2周。口腔有病变的可用碘甘油涂抹，撒布中药冰硼散（冰片15克，硼砂150克，芒硝150克，共研为细末）；蹄部病变可先用3%来苏尔清洗，后涂擦龙胆紫溶液、碘甘油等，再用绷带包扎；乳房病变可用2%硼酸水清洗后，涂以青霉素软膏。

（二）羊痘病

羊痘病是羊感染痘病毒后一种急性热性传染病。主要表现为皮肤和黏膜上发生化脓性炎症，出现特殊的丘疹和疱疹。

1. 流行病学　羊痘病毒是一种对乙醚敏感的DNA病毒，此病毒主要侵犯羊，人是由于接触病羊污染的物质而被感染。本病可发生于全年任何季节，但以春、秋两季较多，传染快，经呼吸道、消化道、受损的皮肤感染。受污染的饲料、饮水、土壤、初愈病羊等均可成为传播媒介。病羊痊愈后有终身免疫力。

2. 临床症状　病羊精神沉郁，食欲减退，呼吸加快，体温升高至40~42℃，可视黏膜卡他及脓性炎症，潜伏期5~6天。初期皮肤有红色或紫红色的小丘疹、水疱、痂皮，痂四周有较特殊的灰白色或紫红色晕，其外再绕以红晕，以后变成结节，最后变平，干燥、结痂而自愈。病程一般为3周，也可长达5~6周，仅有微热，局部淋巴结肿大。

有些羊在发病后2周，于躯干部及四肢伸侧出现一过性斑丘疹，5~7天变为灰白色扁平、中央凹陷的水疱。水疱很快化脓，体温上升，而后渐渐干涸，形成黄黑褐色痂皮，约经7天痂皮脱落，留有苍白的斑痂痕。病期长达3~4周，多以痊愈告终。在脓疱期若有坏死杆菌继发感染，病变部疱痘融合，形成坏疽性溃疡，发出恶臭气味。羔羊易并发眼结膜炎、鼻炎、咽炎、内脏器官痘疱，并可继发肺炎、胃肠炎和脓血症等。

3. 剖检变化　病羊前胃或皱胃的黏膜，甚至肠道黏膜上可见单个或融合存在的结节，有的黏膜糜烂或溃疡。咽和支气管黏膜可见痘疹，呼吸道黏膜有出血性炎症，气管及支气管内充满混有血液的浓稠黏液，肺部有干酪样结节和卡他性炎症，有的肺部可见肝变区。肝脂肪变性、心肌变性、淋巴结急剧肿胀等。

4. 预防

（1）定期进行预防接种是杜绝本病发生的关键。对于两年内曾发生过羊痘的地区，以及受到羊痘威胁的羊群应进行羊痘弱毒冻干苗免疫接种。有羊痘暴发时，对未发病的羊要进行紧急预防注射，可获一年的免疫力，具体接种方法应按瓶签说明应用。

（2）加强饲养管理，做好消毒、隔离防疫工作。对新购的羊要先隔离30天，不允许其与健康羊群接触。定期对场舍进行消毒，阻断病毒的感染，对病死羊要进行深埋处理。

5. 治疗　对未发病的羊要进行紧急预防注射羊痘弱毒苗，注射量为1头份/只，对已发病的羊接种羊痘弱毒苗10~20份/只。有条件的可用免疫血清治疗，成年羊20~30毫升/只，羔羊减半，皮下注射，疗效较好。患部用0.1%高锰酸钾水溶液洗擦，也可用碘甘油涂擦。对严重继发感染病羊可内服或注射磺胺类药物或抗病毒类药物进行对症治疗，一般能治愈，愈后良好。也可用以下中药方剂治疗，效果亦很好。

病羊初期：升麻3克、葛根9克、金银花9克、桔梗6克、浙贝母6

克、紫草6克、大青叶9克、连翘9克、生甘草3克,水煎分2次灌服。

痘疹破溃期:连翘12克、黄柏15克、黄连3克、黄芩10克、栀子10克,水煎灌服。

病羊虚弱期:沙参12克、寸冬12克、桑叶15克、扁豆10克、花粉9克、玉竹10克、甘草3克,水煎1次灌服。

（三）传染性脓疱

传染性脓疱又称羊口疮,是由传染性脓疱病毒引起的一种人兽共患的急性接触性传染病。特征是口唇等部位的皮肤和黏膜形成丘疹、脓疮、溃疡及疣状厚痂。

1. 流行病学　传染性脓疱病毒主要危害3~6月龄的羔羊,人也可感染。病羊和带毒羊为传染源,主要经损伤的皮肤和黏膜感染。该病常为群发性流行。成年羊也可感染,但呈散发性流行。由于病毒的抵抗力较强,本病在羊群内可连续多年存在。

2. 临床症状

（1）唇型　患羊口角、上唇或鼻镜上出现小红斑、小结节、水疱或脓疮,破溃后结成疣状硬痂,若为良性经过,1~2周痂皮干燥、脱落而康复。患部继续发生丘疹、水疱、脓疱、痂垢互相融合,波及整个口唇周围及颜面,眼睑和耳郭等部位形成大面积龟裂、出血,痂垢不断增厚,致使病羊采食、咀嚼和吞咽困难,日趋衰弱。

（2）蹄型　多见一个肢的蹄叉、蹄冠或系部皮肤上出现水疱、脓疱和溃疡。若继发感染则发生化脓和坏死,常波及皮基部和蹄骨,甚至肌腱或关节。病羊跛行,长期卧地,病情缠绵。重者衰竭而死。

（3）外阴型　阴道有黏液性或脓性分泌物,肿胀的阴唇及其附近皮肤上出现溃疡,乳头和乳房皮肤发生脓疱、烂斑和痂垢。公羊阴囊鞘肿胀,出现脓疱和溃疡。

3. 剖检变化　尸体剖检无明显的肉眼病变。肺脏、肝脏以及乳房有时有转移性病灶。

4. 诊断　本病根据临诊症状及流行情况，不难做出诊断，对病料的组织进行染色后在电镜下观察。此外，还可用血清方法诊断，琼脂扩散试验、反向间接血凝试验、酶联免疫吸附试验及免疫荧光抗体技术等方法。

5. 预防

（1）禁止从疫区引进羊或购入饲料或羊产品。引进羊必须严格检疫和消毒，隔离观察30天，经检疫无病，将蹄部彻底清洗消毒后方可混入饲养。在本病流行地区进行免疫接种，所用疫苗应与当地流行毒株相同。

（2）发病时做好被污染环境的消毒，特别是羊舍、场地和饲管用具的消毒。消毒剂可用2%氢氧化钠、10%石灰乳溶液。

（3）严格隔离病羊或做扑杀处理。

6. 治疗　刮掉干硬痂皮，痂皮较硬时，先用水杨酸软膏将垢痂软化，再除去痂垢，治疗可用0.1%~0.2%的高锰酸钾溶液冲洗创面，然后涂2%的龙胆紫、5%碘甘油或碘伏，每天2~3次，直至痊愈。

蹄部发生病变，可将蹄部置于5%~10%福尔马林溶液中浸泡1~2分钟，连泡3次，也可在第二天用3%龙胆紫溶液、5%碘甘油、碘伏或红霉素软膏涂拭患部。中药疗法用冰硼散涂抹，也可以用金银花、野菊花、蒲公英、紫花地丁各等份，粉碎成末，混合玉米面喂服。

为防止继发感染，可用青霉素、链霉素等抗菌消炎药进行辅助治疗。严重者还可同时喂服病毒灵和四环素片等药物治疗。

（四）蓝舌病

蓝舌病是由蓝舌病病毒引起的反刍动物的一种严重传染病，以舌部发绀，口腔、鼻腔和胃肠道黏膜发生溃疡性炎症变化为特征，主要侵害绵羊，被列为一类疫病。

1. 流行病学　蓝舌病病毒属于呼肠孤病毒科环状病毒属。核酸为双股病毒。已知病毒有24个血清型，各型之间无交互免疫力。本病主要通过伊蚊和库蠓两个属的蚊虫吸血而传播。绵羊虱蝇也能机械传播本病。病毒也可通过胎盘垂直传播感染胎儿。不同品种、性别和年龄的绵羊均易感，尤其以1岁左右的绵羊最易感，吃奶的羔羊有一定的抵抗力，山羊的易感性较低。本病多发生在湿热的夏季和早秋，池塘、河流较多的低洼地区为疫病多发地。

2. 临床症状　病羊体温升高达40~42℃，稽留2~6天，精神沉郁，厌食。上唇水肿，亦可延至面耳部，口流涎，口腔黏膜充血、呈青紫色，唇、齿龈、舌黏膜糜烂，致使吞咽困难。鼻流脓性分泌物，呼吸困难和有鼻鼾声。蹄冠和蹄叶发炎，出现跛行、膝行、卧地不动。病羊消瘦、衰弱、便秘或腹泻，有时下痢带血。同时白细胞也明显降低，发病率30%~40%，病死率30%。怀孕4~8周母羊感染，其分娩的羔羊中约有20%发育畸形，如脑积水、小脑发育不足、脑回过多等。

3. 剖检变化　口腔出现糜烂和深红色区，舌、齿龈、硬腭、颊部黏膜和唇水肿。绵羊的舌色发蓝。瘤胃有暗红色区，其表面有空泡变性和坏死。真皮充血、出血和水肿。肌肉出血，肌纤维变性，肌间有浆液和胶冻样浸润。重者皮肤毛囊周围出血并有湿疹。蹄冠出现红点或红线，深层充血、出血，有时有蹄叶炎，心内外膜、心肌、呼吸道和泌尿道黏膜有小点出血。有的病例消化道黏膜有坏死和溃疡。脾脏通常肿大。肾和淋巴结轻度发炎和水肿。

4. 诊断　依据典型临床症状和病理变化可做出初步诊断，确诊需进一步做琼脂凝胶免疫扩散试验、免疫荧光试验及酶联免疫吸附等实验室诊断。

5. 防治　一旦有本病传入时，应按《中华人民共和国动物防疫法》规定，采取紧急、强制性的控制和扑灭措施，扑杀所有感染动物。必要时进行预防免疫。用于预防的疫苗有弱毒活疫苗和灭活疫苗等。蓝舌病病毒的多型性和在不同血清型之间无交互免疫性的特点，使免疫接种产生一定困难。首先在免疫接种前应确定当地流行的病毒血清型，选用相应血清型的疫苗，才能获得满意的免疫效果。其次，在一个地区不只有一个血清型时，还应选用二价或多价疫苗。否则，只能用几种不同血清型的单价疫苗相继进行多次免疫接种。

（五）羊黑疫

羊黑疫是由B型诺维氏梭菌引起的绵羊和山羊的一种急性高度致死性毒血症。

1. 流行病学　本菌为革兰氏阳性杆菌，严格厌氧，能形成芽孢，不产生荚膜。主要使1岁以上的绵羊感染，以2~4岁的绵羊发生最多。发病羊多为营养状况较好的肥胖羊只，山羊也可感染。该病的发生与肝片吸虫的感染程度密切相关。主要发生于低洼、潮湿地区，以春夏季多发。

2. 临床症状　病羊主要呈急性经过，不表现临床症状即突然死亡。少数病例可拖延1~2天，主要表现为食欲废绝，反刍停止，精神不振，呼吸急促，体温升高达41.5℃，最后昏迷而死。本病在临床上与羊快疫、肠毒血症等极其类似。

3. 剖检变化　病羊尸体皮肤呈暗黑色，皮下静脉充血明显，皮下组织水肿。胸腹腔内有黄红色液体。肝脏充血肿胀，有不规则圆形的坏死灶，坏死灶呈灰黄色，周围有鲜红色的充血带围绕，直径可达2~3厘米。左心室心内膜下常出血。真胃幽门部和小肠充血和出血。

4. 诊断　在肝片吸虫流行的地区发现急死或昏睡状态下死亡的病羊，剖检可见特殊的肝脏坏死变化，有助于诊断。必要时可作细菌学检查和毒素检查。

5. 防治　首先要控制肝片吸虫的感染。定期用羊厌气菌病五联苗皮下注射或肌肉注射，每次5毫升。

治疗可肌肉注射青霉素80万~160万国际单位，每天2次；或静脉、肌肉注射抗诺维氏梭菌血清，每次50~80毫升，注射1~2次。

（六）羊快疫

羊快疫是由腐败梭菌引起的一种急性传染病。主要发生于绵羊，大多突然发病，病程极短，以真胃黏膜呈出血性炎性损害为特征。

1. 流行病学　腐败梭菌常以芽孢形式分布于低洼草地、耕地及沼泽之中。发病以绵羊为主，多为6~18月龄膘情好的羊发病，山羊较少发病，羊采食被污染的饲料和饮水，芽孢进入羊消化道，多数不发病。气候骤变，阴雨连绵，引起羊感冒或机体抗病能力下降，腐败梭菌大量繁殖，产生外毒素引起发病死亡。常呈地方性流行，发病率为10%~20%，病死率为90%。

2. 临床症状

最急型：病羊突然出现停止采食和反刍，腹痛，呻吟，拱背，后躯摇摆，呼吸困难，口鼻流出带泡沫的液体，痉挛倒地，四肢呈游泳状运动，2~6小时内死亡。

急性型：病情初起病羊精神不好，食欲减退，行走摇摆不稳，易离群喜卧，排粪困难，卧地不起，腹部膨胀，呼吸困难。当体温达到40℃以上时，不久即死亡。

3. 剖检变化　可见病羊皱胃黏膜呈出血性炎症，底部有大小不等的出血斑。胸腹腔、心包、十二指肠黏膜有明显的充血、出血，甚至形成溃疡。

4. 防治　在疫区内的羊每年应定期注射羊厌气菌病三联苗（羊快疫、羊猝狙、羊肠毒血症）或五联（羊快疫、羊肠毒血症、羊猝狙、羊黑疫和羔羊痢疾）灭活疫苗。用量按疫苗使用说明书使用。加强饲养管理，防止羊受寒冷刺激，严禁吃霜冻饲料。

（七）羊肠毒血症

羊肠毒血症主要是由D型魏氏梭菌产生毒素所引起的绵羊急性传染病。该病以发病急，死亡快，死后肾脏多见软化为特征。又称软肾病。

1. 流行病学　本病以绵羊发病居多，山羊发病较少。通常以2~12月龄，膘情较好的羊为主。牧区以春夏之交抢青时和秋季牧草结籽后的一段时间发病较多；农区则多见于收割季节或食入大量富含蛋白质饲料时发病。多呈散发性流行。

2. 临床症状　本病的特点为突然发作，很少能见到症状，便很快死亡。在死亡前四肢出现强烈的划动，肌肉颤搐，眼球转动，磨牙，流涎，随后头颈显著抽缩，继而昏迷，角膜反射消失，往往死于发病后的2~4小时内。有的病羊发生腹泻，排出深色或深绿色粪便。

3. 剖检变化　主要变化为肾软化和肠出血。肝脏肿大，呈暗紫色，切面外翻，质脆，有核桃大到鸡蛋大的黄白色的坏死。肾脏肿大，质地松软，肾脂肪囊水肿，并呈黄色胶冻状，膀胱黏膜有密集的针尖状出血点。肺门淋巴结出血，周围有黄色胶冻状物。心外膜水肿。肠系膜淋巴结水肿，呈乳白色，结肠淋巴结出血、水肿。大网膜有多处凝血块，大小不一，腹腔有血红色液体，瘤胃部分黏膜出血，真胃黏膜、小肠黏膜全部呈紫红色，为严重的弥漫性出血。

4. 诊断　本病的确诊除根据临床症状外，还需进行实验室诊断。本病应与炭疽、巴氏杆菌病和大肠杆菌病加以区别。

5. 预防　常发区定期注射羊厌气菌病三联苗或五联苗，大小羊只一律皮下或肌肉注射5毫升。

6. 治疗　由于该病病程短，药物治疗通常无效。对病程较缓慢的病羊，可用抗菌素或磺胺类药物，结合强心、补液、镇静等对症治疗，有时尚能治愈少数病羊。

（八）羊猝狙

该病主要是由C型产气荚膜杆菌引起的，以急性死亡为特征、伴有腹膜炎和溃疡性肠炎。

1. 流行病学　本病发生于成年绵羊，1~2岁绵羊多发。常流行于潮湿、低洼地区和冬、春季节，主要经消化道感染。呈地方流行性。

2. 临床症状　病变和羊肠毒血症基本类似。病羊病程很短，一般无临床表现即急性死亡。有的可见突然无神，侧身卧地，剧烈痉挛，咬牙，眼球突出，惊厥而死。

3. 剖检变化　真胃、肠道呈炎症变化，小肠溃疡，大肠壁血管怒张、出血。心包、胸腔、腹腔积液，心外膜有出血点，肾脏变性。

4. 防治　加强饲养管理，提高羊只的抗病能力。定期注射羊快疫、羊猝狙和羊肠毒血症三联苗。

（九）羔羊痢疾

羔羊痢疾是由B型魏氏梭菌引起的初生羔羊的一种急性毒血症，以剧烈腹泻和小肠发生溃疡为特征。

1. 流行病学　B型魏氏梭菌主要危害7日龄以内的羔羊，其中又以2~3日龄的发病最多，羔羊在生后数日内，魏氏梭菌通过羔羊吮乳、饲养员饲喂以及粪便而感染。母羊怀孕期营养不良，羔羊体质瘦弱，气候寒冷，羔羊饥饱不匀，均减弱羔羊抵抗力，引起羔羊痢疾，传染途径主要是通过消化道，也可能通过脐带或创伤传染。

2. 临床症状　自然感染的潜伏期为1~2天。病初精神萎顿，食欲减退，继而腹泻，粪便恶臭，有的稠如面糊，有的稀薄如水，有的还含有血液。病羔逐渐虚弱，卧地不起。若不及时治疗，常在1~2天内死亡。有的羔羊以神经症状为主，四肢瘫软，卧地不起，呼吸急促，口流白沫，最后昏迷，头向后仰，体温降至常温以下，常在数小时到十几小时内死亡。

3. 剖检变化　尸体脱水现象严重，最显著的病理变化是在消化道。真胃内存在未消化的凝乳块。小肠黏膜充血发红，溃疡周围有一出血带环绕，有的肠内容物呈血色，肠系膜淋巴结肿胀充血、出血。心包积液，心内膜有时有出血点。肺常有充血或淤斑。

4. 预防　实施抓膘保暖、合理哺乳、消毒隔离、预防接种和药物防治等综合措施才能有效地防治本病。每年秋季注射羔羊痢疾苗，产前2~3周再接种一次。母羊产前注射1次羊厌气菌病五联苗或六联苗（羊肠毒血症、羊快疫、羊猝狙、羊黑疫、羔羊痢和大肠杆菌病），皮下注射3毫升，使羔羊在母体内获得抗体。

5. 治疗　治疗以清理肠道，杀菌消毒为主。磺胺胍0.5克，鞣酸蛋白0.2克，次硝酸铋0.2克，碳酸氢钠0.2克，土霉素0.1克，加水灌服，每日3次。在选用上述药物的同时，也可注射氟苯尼考、菌必治、氧氟沙星、恩诺沙星、盐酸黄连素等，都可获得良好效果。

中药治疗羔羊痢疾有明显的效果。

（1）藿香15克、黄芩10克、黄柏15克、白头翁10克、蒲公英10克、山楂15克、麦芽10克、茵陈15克、龙胆草15克、大腹皮15克、甘草10克。以上药共研碎，水煎灌服，连用5天。

（2）黄白苦心汤：黄连10克，白头翁20克，苦参20克，穿心莲20克，白芍20克，龙胆草20克，香附20克，诃子30克。上药研末水煎10分钟，母羊分2次灌服或拌料喂服，1剂/天，连服2~3剂即愈，怀孕母羊在产前15、10、5天各服1剂即可达到预防效果。

（3）苦参2克、穿心莲2克、罂粟壳1克、神曲30克，以上药共研碎，水煎灌服，连用1~3 天见效。

（十）羔羊大肠杆菌病

羔羊大肠杆菌病是由致病性大肠杆菌引起羔羊的一种急性、致死性消化道传染病。

1. 流行病学　羔羊大肠杆菌病主要特征是剧烈的腹泻和败血症，排白色稀粪。多发于6周龄内的羔羊。病羔和带菌者是主要传染源。羔羊通过吮乳、饮水感染。常呈地方性流行，冬春舍饲期间多发，与天气骤变，场圈潮湿、污秽，羔羊先天性发育不全或后天营养不良有关。

2. 临床症状

败血型：多发于2~6周龄的羔羊。病羊体温41~42℃，精神沉郁，迅速虚脱，有轻微的腹泻或不腹泻，有的出现神经症状，运步失调，磨牙，视力障碍，有的出现关节炎，多于病后4~12小时死亡。

下痢型：多发于2~8日龄的新生羔。病初体温略高，出现腹泻后体温下降，粪便呈半液体状，带气泡，有时混有血液。羔羊表现腹痛，虚弱，严重脱水，不能站立，可于24~36小时死亡。

3. 剖检变化

败血型：剖检病羊可见胸、腹腔和心包大量积液，内有纤维素样渗出物。某些关节，尤其是肘和腕关节肿大，滑液混浊，内含纤维素性脓性絮片。脑膜充血，有很多小出血点，大脑沟常含有多量脓性渗出物。

下痢型：主要为急性肠胃炎症状变化，剖检时可见尸体消瘦，尸体严重脱水。肠黏膜充血发炎，有出血点。肠系膜淋巴结肿大，有散在出血点，真胃、小肠和大肠内容物呈黄灰色液状。有的肺呈炎症病变。

4. 诊断　主要根据流行病学、临床症状和剖检变化进行诊断。在分析这些病因时，必须注意发病季节、年龄及死亡率，取病灶组织、血液或肠内容物细菌分离确诊，应与魏氏梭菌引起的羔羊痢疾相区别。

5. 预防

(1) 要加强母羊饲养管理，做好母羊的抓膘、保膘工作，保证新产羔羊健壮、抗病力强。同时应注意羊的保暖，对病羔要立即隔离，及早治疗。对污染的环境、用具要用3%~5%来苏尔消毒。

(2) 保持环境卫生清洁，羊舍要干燥、通风、阳光充足，消灭蚊虫。加强怀孕母羊的饲养管理，以增强羔羊的抗病力，注意羔羊的保暖，尽早让羔羊吃上初乳，断奶期饲料不要突然改变。用本场流行的大肠杆菌血清型制备的多价活疫苗接种怀孕母羊，可使羔羊获得被动免疫。

6. 治疗　大肠杆菌对土霉素、新霉素、复方甲砜霉素、磺胺脒、庆大霉素、恩诺沙星、环丙沙星等药物敏感。土霉素粉，每千克体重30~50毫克剂量，分2次口服；磺胺脒，第一次1克，以后每隔6小时服0.5克；肌肉注射庆大霉素，以每千克体重2~4毫克肌肉注射；恩诺沙星或环丙沙星按每千克体重3毫克肌肉注射。对心脏衰弱的皮下注射25%安钠咖0.5~1毫升；对脱水严重的，静脉注射5%葡萄糖盐水50~100毫升。

(十一) 羊传染性胸膜肺炎

羊传染性胸膜肺炎又称羊支原体性肺炎，是由支原体所引起的一种高度接触性传染病，其临床特征为高热，咳嗽，胸和胸膜发生浆液性和纤维素性炎症，常急性和慢性经过，病死率很高。

1. 流行病学　引起山羊传染性胸膜肺炎的病原体为丝状支原

体山羊亚种，为细小、多变性的微生物，革兰氏染色阴性。在自然条件下，3岁以下的山羊最易感染。绵羊肺炎支原体可感染山羊和绵羊。病羊和带菌羊是本病的主要传染源。本病常呈地方流行性，主要通过空气经呼吸道传染。冬季和早春枯草季节，羊只营养缺乏，容易受寒感冒，机体抵抗力降低，较易发病，死亡率也较高。冬季流行期平均为15天，夏季可维持2个月以上。

2. 临床症状　该病潜伏期平均为18~20天。根据病程和临床症状，可分为最急性、急性和慢性3型。

（1）最急性　病初体温增高，可达41~42℃，极度萎顿，食欲废绝，数小时后出现肺炎症状，呼吸困难，咳嗽，并流浆液带血鼻液。肺部叩诊呈浊音或实音，听诊肺泡呼吸音减弱、消失或呈捻发音。病羊卧地不起，四肢直伸，呼吸极度困难，每次呼吸则全身颤动。黏膜高度充血，发绀，目光呆滞，呻吟哀鸣，不久窒息而亡。病程一般不超过4~5天。

（2）急性　病初体温升高，咳嗽，5天后，咳嗽变干而痛苦，鼻液转为脓性并呈铁锈色，高热稽留不退，食欲锐减，呼吸困难，眼睑肿胀，流泪，眼有脓性分泌物。流泡沫状唾液。头颈伸直，腰背拱起，腹肋紧缩，最后病羊倒卧，极度衰弱萎顿，有的发生臌胀和腹泻，甚至口腔中发生溃疡，唇、乳房等部皮肤发疹，濒死前体温降至常温以下，病期多为7~15天，有的可达1个月。70%~80%孕羊流产。

（3）慢性　多见于夏季。全身症状轻微，体温降至40℃左右。病羊间或有咳嗽和腹泻，鼻涕时有时无，身体衰弱，被毛粗乱无光，很容易出现并发症而迅速死亡。

3. 剖检变化　胸腔常有淡黄色液体，间或两侧有纤维素性肺炎。肝变区凸出于肺表，颜色由红至灰色不等，切面呈大理石样。胸膜变厚而粗糙，上有黄白色纤维素层附着，直至胸膜与肋膜，心包发生粘连。心包积液，心肌松弛、变软。急性病例还可见脾肿大，胆囊肿胀，肾肿大和膜下小点溢血。

4. 诊断　本病的流行规律、临床表现和病理变化都很特别，根据这三个方面做出综合诊断并不困难。临床和病理变化与羊链球菌及巴氏杆菌病相似，确诊需进行病原分离鉴定和血清学试验。血清学试验可用补体结合反应，多用于慢性病例。

5. 预防　防止引入或迁入病羊和带菌者。新引进羊只必须隔离检疫1个月以上，确认健康时方可混入大群。

免疫接种是预防本病的有效措施。我国目前有山羊传染性胸膜肺炎氢氧化铝苗、鸡胚化弱毒苗及绵羊肺炎支原体灭活苗，应根据当地病原体的分离结果选择使用。

发病羊群应进行封锁，及时对全群进行逐头检查，对病羊、可疑病羊和假定健康羊分群隔离和治疗；对被污染的羊舍、场地、饲管用具和病羊的尸体、粪便等，应进行彻底消毒或无害化处理。

6. 治疗　羊传染性胸膜肺炎可选用左氧氟沙星、土霉素、林可霉素、泰乐菌素、泰妙菌素及氟苯尼考等。10%氟苯尼考注射液每千克羊体重0.05毫升肌肉注射，每天1次。每100千克饮水中加入5克支原净（泰妙菌素）给羊自由饮水，连用7天，治愈率达92%。每千克羊体重肌肉注射泰妙菌素10毫克，每天1次，连用5天为1个疗程，共治疗2个疗程，期间间隔3天。每千克羊体重用20%长效土霉素注射液、30%氟苯尼考注射液各0.1毫升肌肉注射，每天1次，连续注射3天后，在饮水中添加盐酸多西环素和氟苯尼考可溶性粉，连用1周。用泰乐菌素对病羊进行治疗，剂量为每千克体重0.1克，每天2次，连用7天，间隔5天后，再用3天。对病情较重的病羊，配合强心药物进行治疗。

(十二)羊链球菌病

羊链球菌病是一种急性、热性、败血性传染病。该病以咽喉部及下颌淋巴结肿胀,大叶性肺炎,呼吸异常困难,胆囊肿大为特征。

1. 流行特点　羊链球菌病是由链球菌属C群兽疫链球菌引起的。该菌革兰氏染色呈阳性,在病料中呈球形,单个或成对存在,偶见3~5个菌体相连的短链。荚膜清晰可见。潜伏期一般为3~10天。绵羊对该病易感性高,山羊次之,病羊和带菌羊为传染源,以呼吸道为主要传播途径。也可经皮肤创伤、羊虱蝇叮咬等途径传播,病死羊的肉、骨、皮、毛等亦可散播病原。新发区常呈流行性发生,老疫区则呈地方性流行或散发。冬春季节气候寒冷,草质不良时多发。

2. 临床症状

(1)急性型　病羊体温升高至41℃,呼吸困难,精神不振,食欲低下,反刍停止。流涎,鼻孔流浆性、脓性分泌物,结膜充血,常见流出脓性分泌物,有时可见眼睑、嘴唇、面颊及乳房部位肿胀,咽喉部及下颌淋巴结肿大。粪便松软,带有黏液或血液。病死前常有磨牙、呻吟及抽搐现象。病程1~3天。

(2)亚急性型　体温升高,食欲减退,嗜卧,不愿走动,走时步态不稳,咳嗽,鼻流黏性透明鼻液。病程1~2周。

(3)慢性型　一般轻微发热,病羊食欲不振,咳嗽,消瘦,腹围缩小,步态不稳、僵硬。有的出现关节炎。病程一个月左右。

3. 剖检变化　主要以败血性变化为主。尸僵不明显。各脏器广泛出血,尤以膜性组织(大网膜、肠系膜等)最为明显。肺脏水肿、气肿,肺实质出血、肝(实)变,呈大叶性肺炎,有时肺脏尖叶有坏死灶。肺脏常与胸壁粘连。胆囊肿大。肾脏质地变脆、变软、肿胀、梗死,被膜不易剥离。各脏器浆膜面常覆有黏稠、丝状的纤维素样物质。

4. 诊断

实验室检查：采集心血、脏器组织涂片镜检。也可将肝脏、脾脏、淋巴结等病料组织做成悬液，给家兔腹腔注射，则家兔于1天内死亡，取材染色检查，可发现病原典型特征。同时可进行病原分离鉴定。

羊链球菌病与羊巴氏杆菌病在临床症状和病理变化上很相似，常通过细菌学检查做出鉴别诊断，巴氏杆菌为革兰氏阴性、两极浓染的细小杆菌。

5. 预防　加强饲养管理，抓膘、保膘，做好防寒保温工作。勿从疫区购进羊和羊肉、皮毛产品。疫区要搞好隔离消毒工作。羊群在一定时期内勿进入发过病的“老圈”。每年发病季节到来之前，用羊链球菌氢氧化铝甲醛菌苗进行预防接种，大小羊一律皮下注射3毫升，3月龄以下羔羊，2~3周重复1次。于14~21天产生免疫力，免疫期可维持半年以上。

6. 治疗　早期应用青霉素、菌必治、氧氟沙星或磺胺类药物。青霉素按一次用80万~160万单位，每日肌肉注射2次，连用2~3日。磺胺六甲氧嘧啶按0.2克/千克剂量口服，首次加倍，每天1次，连用3天。盐酸林可霉素注射液按0.1~0.2毫升/千克剂量肌注。每天1次，连用5~7天。同时用特效先锋50万~150万单位，加地塞米松2~5毫克，0.5%盐水250~500毫升，维生素C 5~10毫升，维生素B_{12} 5~10毫升混合1次缓慢静注。每次，连用2天，症状减轻后改为每天1次，重症羊可先肌注尼可刹米，以缓解呼吸困难。

局部治疗：先将下颌、关节及脐部等处局部脓肿切开，清除脓汁。然后清洗消毒，涂抗生素软膏。

中兽药治疗：

（1）肺热型　投服加味麻杏石甘汤加减：麻黄8克、杏仁10克、石膏20克、紫苏10克、前胡10克、黄芩10克、鱼腥草30克、甘草8克，水煎服。

（2）气阳两伤型　清燥救肺汤加减：党参15克、麦冬15克、五味子12克、沙参15克、桑白皮12克、杏仁20克、把叶10克、甘草10克，水煎服。

（十三）布鲁氏菌病

布鲁氏菌能引起羊流产及不孕不育等症状。以长期发热、流产、睾丸炎、腱鞘炎和关节炎等为主要临床特征。

1. 流行病学　布氏杆菌是一种革兰氏阴性菌，细胞内寄生，在自然环境中生命力较强，在病羊的分泌物、排泄物及死羊的脏器中能生存4个月左右，在食品中生存2个月。对常用化学消毒剂较敏感。本病一年四季均可发病，发病率牧区高于农区，在发病高峰季节可呈点状暴发流行。羊食入被污染的饲料或舔食来自生殖道的感染物而受到感染。经常接触病羊的人最容易感染本病。

2. 临床症状　多数病例为隐性感染，怀孕羊发生流产是该病的主要症状，多发生于怀孕后的3~4个月。有时患病羊因发生关节炎和滑囊炎而致跛行，少数羊发生角膜炎和支气管炎。公羊发生该病时，可发生化脓性坏死性睾丸炎和附睾炎，睾丸肿大，后期睾丸萎缩，关节肿胀和不育。

3. 剖检变化　肝、脾、淋巴结、心、肾等出现浆液性炎性渗出。淋巴呈弥漫性增生，稍后常伴纤维细胞增殖和肉芽肿，肉芽肿进一步发生纤维化，最后造成组织器官硬化。三种病理改变可遵循急性期向慢性期依次交替发生和发展。

4. 诊断　母羊临诊表现流产、胎衣滞留、子宫炎、阴道炎和乳腺炎等。公羊表现为睾丸炎、附睾炎、阴囊肿大、关节炎和滑囊炎等。确诊应做血清学试验或细菌学检验，以凝集试验应用最广，补体结合试验是一种准确性较高的诊断方法。

5. 预防　主要采取“检疫、免疫、捕杀病羊”的综合性防治措施，同时针对疾病流行的三个环节采取相应措施。一是管理传染源。对牧场、乳厂和屠宰厂的肉羊定期进行卫生检查。检出的病羊，及时隔离治疗，必要时宰杀之。病羊的流产物及死羊必须深埋。对其污染的环境用20%漂白粉或10%石灰乳消毒。病羊乳及其制品必需煮沸消毒。皮毛消毒后还应放置3个月以上，方准其运出疫区。二是病羊、健康羊分群分区放牧，病羊用过的牧场需经3个月自然净化后才能供健康羊使用。三是切断传播途径，加强对羊产品的卫生监督，禁食病羊肉及乳品。防止病羊或患者的排泄物污染水源。对与肉羊或羊产品接触密切者，要进行宣传教育，做好个人防护。保护易感人群及健康肉羊。

免疫接种布氏杆菌猪型Ⅱ号菌苗。口服法，山羊和绵羊每只用量100亿活菌；注射法，每只山羊剂量25亿菌、绵羊50亿菌，皮下或肌肉注射。处理后的免疫期均为3年。布氏杆菌羊型5号菌苗皮下接种，每只用量10亿菌。

（十四）传染性角膜结膜炎

本病是由嗜血杆菌、立克次氏体等引起的反刍家畜的一种急性传染病角膜结膜炎。

1. 流行病学　衣原体、结膜支原体、立克次氏体、李氏杆菌等引起急性传染病角膜结膜炎。该病一般通过已感染的动物或传染物质引起同种动物感染，也可通过蚊蝇或飞蛾等机械性传播。患羊的分泌物，如鼻液、泪液、奶及尿的污染物也能传播该病。常发于蚊蝇较多的夏秋高温季节。饲养密度大、栏舍卫生较差、空气流通不畅、氨气浓度较高的环境下容易发生本病。

2. 临床症状　该病的潜伏期一般为3~7天，病程20~30天。初期患眼羞明、流泪，眼睑肿胀、疼痛，结膜血管充血、红肿。角膜表面粗糙，周围血管充血、舒张，或在角膜上出现灰白色小点，严重者角膜增厚，亦发生溃疡，形成角膜瘢痕，角膜软化穿孔时，造成晶状体脱落。常见一眼发病，有时两眼也可同时发病，严重者眼球化脓，继发脑炎。病羊一般无全身症状，很少有发热反应。若感染衣原体时，病羊可出现关节炎而发生跛行。

3. 剖检　变化主要表现为眼部结膜和角膜部位的病理变化，而无其他器官组织的病理解剖学特殊变化。

4. 诊断　根据临床症状及流行特点可以确诊。

5. 防治

（1）病羊隔离，圈舍及时清扫消毒。

（2）2%~5%的硼酸水或淡盐水或0.01%呋喃西林洗眼，擦干后可选用红霉素、氯霉素、四环素或2%可的松眼膏点眼。

（3）也可用青霉素或氯霉素加地塞米松2毫升、0.1%肾上腺素1毫升混合点眼，2~3次/天。

（4）0.25%普鲁卡因2毫升，青霉素80万单位加病羊静脉血10毫升，上下眼睑皮下注射，7天一次。

（5）出现角膜混浊或白内障的，眼内可蘸入拨云散或三砂粉（硼砂、朱砂、硇砂各等份，研成细末），每天1~2次。

二、羊常见寄生虫病

（一）羊狂蝇蛆病

羊狂蝇蛆病又称羊鼻蝇蛆病，狂蝇属蝇的幼虫寄生于羊鼻道及其附近腔窦引起的一种慢性鼻炎及鼻窦炎，主要特征是羊只流鼻涕和不安。

1. 病原特征　本病是由羊狂蝇所引起的。当狂蝇蛆寄生在羊的鼻腔和鼻窦内时，即因为刺激作用而引起发病。它的一生可分为幼虫、蛹及成虫3个阶段。成虫在羊的体外飞翔，幼虫寄生在羊的鼻腔和附近腔窦内。本病在西北、华北及东北地区分布广，危害严重，山羊较绵羊患病少，受害较轻。

2. 临床症状　羊只乱动不安，流出大量清鼻及稠鼻，有时混有血液。患羊呼吸困难，打喷嚏、咳嗽，用鼻端在地上摩擦，常甩鼻涕。患羊磨牙，结膜发炎，有时个别出现运动失调和痉挛等神经症状，严重的可造成极度衰竭而死亡。

3. 诊断　主要靠观察症状，剖检尸体，找寻幼虫进行确诊。

4. 预防　根据不同季节鼻蝇的活动规律，采取不同的预防措施。

夏季尽量避免在中午放牧。夏季羊舍墙壁常有大批成虫，在初飞出时，翅膀软弱，不太活动，此时可发动群众进行捕捉，消灭成虫。连续进行3年，可以收到显著效果。也可用诱蝇板，引诱鼻蝇飞落板上休息。每天早晨检查诱蝇板，将鼻蝇取下消灭。

冬春季注意杀死从羊鼻内喷出的幼虫，地上撒石灰，下压羊头，让鼻端接触石灰，使羊打喷嚏，可喷出幼虫，然后消灭之。

5. 治疗　按照羊鼻蝇幼虫和成虫的个体活动情况，采用不同的治疗方法。注射伊维菌素，剂量按0.2毫升/千克体重计算。皮下注射20%碘硝酚，剂量为10～20毫升/千克体重，只用1次，效果很好。给鼻腔喷入3%来苏尔溶液20~30毫升，杀死幼虫。

（二）肝片吸虫病

肝片吸虫病是一种寄生在羊胆管内的一种蠕虫病，多呈地方性流行，羔羊及绵羊常因此病导致大批死亡。

1. 病原特征　肝片形吸虫属片形科的大型吸虫。肝片形吸虫主要形态特征为体表密布细小棘刺，腹吸盘不及姜片虫发达，肠支有很多分支，呈树枝状，睾丸高度分支，前后排列在虫体中部。虫体大小为（2~5）×（0.8~1.3）厘米，虫体前端有明显突出的头锥，口吸盘位于头锥的前端，腹吸盘较小，位于头锥基部，肠支呈树枝状。虫卵的形态特征：纵径比姜片虫略长（50~130毫米），卵盖略大，卵壳周围可见胆汁染色颗粒附着，胚细胞较易见到。

2. 生活史　成虫寄生在牛、羊及其他哺乳动物胆道内。中间宿主为椎实螺类，虫卵随终末宿主胆汁入肠道，并随粪便排出，在适宜湿度的水中，卵发育为毛蚴，毛蚴逸出后进入中间宿主经过一代胞蚴及两代的雷蚴发育后，逸出的尾蚴在水草等物体表面结囊。囊蚴被终末宿主吞食后，后尾蚴穿过肠壁，经腹腔侵入肝，也可经肠系膜静脉或淋巴管进入胆道。整个生活史过程为10~15周。成虫在绵羊体内可存活11年。

3. 临床症状　成年羊寄生少量虫体往往不表现病状；羔羊寄生少量的虫体，可能表现出极明显的症状。

（1）急性型　病羊初期轻度发热，食欲减退，精神不振，易疲劳，排黏液性血便，全身颤抖，虚弱和容易疲倦，还表现出腹泻、黄疸、腹膜炎等症状。有的可摸到增厚的肝脏边缘，肝区有压痛表现，叩诊可发现肝脏浊音区扩大，严重者多在几天内死亡。发病后迅速出现贫血，黏膜苍白，有的病羊在几天后便死亡。

（2）慢性型　表现为贫血逐渐加重，黏膜苍白或黄染，眼睑、颌下、胸下及腹下发生水肿，并逐渐严重，出现胸水和腹水。病羊消瘦，食欲减退。患病的母羊乳汁稀薄，怀孕的母羊流产。被毛粗乱无光，行动缓慢。便秘与下痢交替发生，最后因极度衰竭而死亡。

4. 剖检变化　主要表现为不同程度的肝肿大，肝胆管扩张，胆囊壁肥厚，有时可发现胆道内肝片形吸虫呈现0.3~0.5厘米圆形阴影。肠壁可见出血灶，肝组织可表现出广泛性的炎症（损伤性肝炎）、肝实质梗塞、纤维蛋白性腹膜炎。

5. 诊断　粪便或十二指肠引流液沉淀检查发现虫卵确诊肝片吸虫病，并结合临床表现作出判断。

6. 预防　一是定期驱虫，根据本地区流行情况，每年可进行1~2次驱虫。第一次可在秋末冬初，即10~11月，第二次可在4~5月。二是对羊粪及时清理堆积发酵，杀死虫卵。三是要注意饮水及饲草卫生，避开有椎实螺的地方放牧，以防感染囊蚴。给羊饮水最好使用自来水、井水。

7. 治疗　丙硫咪唑按每10千克体重1毫升，1次灌服；丙硫苯咪唑（肠虫清）按每千克体重15~25毫克，1次灌服；肝蛭净（三氯苯唑）按每千克体重10毫克，1次灌服。配合肌肉注射维生素B_{12}，每日4支，连用5日。每日喂给柔软青粗饲料、配合饲料。

中药可用“肝蛭散”加减治疗：苏木15克、肉蔻10克、贯众20克、茯苓10克、龙胆草12克、木通10克、厚朴10克、泽泻6克、槟榔9克、甘草3克，诸药混合研末冲服，每天1剂，连用3剂。

（三）羊肺线虫病

羊肺线虫病是由网尾科和原圆科的线虫寄生在气管、支气管、细支气管引起的以支气管炎和肺炎为主要症状的寄生虫病。

1. 病原特征　大型肺线虫是危害羊的主要寄生虫。大型白色虫体，肠管呈黑色穿行于体内，口囊小而浅。雄虫长30~80毫米。在春乏季节常呈地方性流行，可造成羊尤其是羔羊大批死亡。小型肺线虫种类繁多，其中缪勒属和原圆属线虫分布最广，危害也较大。该类线虫虫体纤细，长度为12~28毫米，肉眼刚能看见。小型肺线虫不同于大型肺线虫，在发育过程中需要中间宿主的参加。小型肺线虫危害相对较轻。

2. 临床症状　羊群遭受感染时，首先个别羊干咳，继而成群咳嗽，常咳出含有成虫、幼虫及虫卵的黏液团块，咳嗽时伴发啰音和呼吸促迫，鼻孔中排出黏稠分泌物，干涸后形成鼻痂，从而使呼吸更加困难，常打喷嚏。逐渐消瘦，贫血，头、胸及四肢水肿，被毛粗乱。羔羊症状严重，死亡率也高，成年羊感染时，则症状表现较轻。

3. 剖检变化　肺膨胀不全和肺气肿，肺表面隆起，呈灰白色，触摸时有坚硬感，支气管中有黏性或脓性混有血丝的分泌团块，气管、支气管及细支气管内可发现不同数量的大、小肺线虫。

4. 诊断　依据其症状表现，用漏斗幼虫分离法在粪便中查到第一期幼虫，可作出确诊。

5. 预防　该病流行区内，每年应对羊群进行1~2次普遍驱虫，并及时对病羊进行治疗。驱虫治疗期应收集粪便进行生物热处理。羔羊与成年羊应分群放牧，并饮用流动水或井水。有条件的地区，可实行轮牧，避免在低湿沼泽地区牧羊。冬季羊应适当补饲。补饲期间，每隔1日可在饲料中加入硫化二苯胺，按成年羊1克、羔羊0.5克计，让羊自由采食，能大大减少病原的感染。

6. 治疗　按每千克体重5~15毫克口服丙硫咪唑。也可用苯硫咪唑口服，剂量按每千克体重5毫克。左旋咪唑按每千克体重7.5~12毫克，口服。枸橼酸乙胺嗪（海群生）剂量按每千克体重200毫克，口服。该药适合对感染早期的治疗。

（四）羊血吸虫病

羊血吸虫病是由血吸虫寄生在羊门静脉、肠系膜静脉和盆腔静脉内，引起贫血、消瘦与营养障碍的一种疾病。

1. 病原特征　病原为分体属和东毕属血吸虫，分体属在我国只有日本分体吸虫，虫体细长，雄虫呈乳白色，雌虫呈暗褐色，虫卵呈短卵圆形，淡黄色。东毕属有土耳其斯坦东毕吸虫、彭氏东毕吸虫和程氏东毕吸虫等。虫卵呈椭圆形，棕黄色，长72~77微米，宽18~26微米，一端钝圆，另一端较尖。尖的一端有一卵盖，卵内充满卵细胞。本虫的中间宿主为椎实螺。雌虫产卵于肠系膜血管内，而后进入肠腔。

2. 临床症状

（1）急性病　羊表现体温升高，似流感症状，食欲减退、精神不振、呼吸急促、有浆液性鼻液、下痢、消瘦等。病羊体温升高40℃以上，表现为贫血，消瘦，腹泻。病羊体温升高，严重者站立困难，全身虚脱，可造成大批死亡。轻度病例呈慢性经过，腹泻反复发生，极度消瘦，脱毛。感染虫体的母羊发生不孕或流产；感染虫体的羔羊，虽然不死亡，但生长和发育受阻。病羊会发生肝炎、肝硬化、肠溃疡，故其粪便中常常带黏液和血液。一经耐过则转为慢性。

（2）慢性　一般呈现黏膜苍白，下颌及腹下水肿，腹围增大，消化不良，软便或下痢。幼羊生长发育停滞，甚至死亡。母羊不发情、不孕或流产。

3. 剖检变化　剖检可见尸体明显消瘦，贫血，腹腔内常有大量腹水。肠系膜及大网膜胶样浸润，小肠黏膜上可见有出血点或坏死灶。肠系膜淋巴结水肿。肝脏质地变硬，肝表面可以见到灰白色网状组织的凹陷纹理，散布着灰白色坏死结节。肝脏在初期多表现为肿大，后期多表现为萎缩，被膜增厚，呈灰白色。

4. 诊断　由于该虫产卵较少，在感染轻的情况下，从粪便中不易发现虫卵，死后可根据寄生虫数量及病理变化来确诊。在粪检时可采用粪便沉淀孵化法，根据粪中孵出的毛蚴进行诊断。

5. 预防　在4月份、5月份和10月份、11月份定期驱虫，病羊要淘汰。结合水土改造工程或用灭螺药物杀灭中间宿主，阻断血吸虫的发育途径。疫区内粪便进行堆肥发酵和制造沼气，既可增加肥效，又可杀灭虫卵。选择无螺水源，实行专门的饮用水，以杜绝尾蚴的感染。

6. 治疗　硝硫氰胺剂量按每千克体重4毫克，配成2%~3%水悬液，颈静脉注射；吡喹酮剂量按每千克体重30~50毫克，一次口服；敌百虫剂量绵羊按每千克体重70~100毫克，山羊按每千克体重50~70毫克，灌服；六氯对二甲苯剂量按每千克体重200~300毫克，灌服。

（五）绦虫病

绦虫病是绦虫寄生于羊小肠中引起的病，以莫尼茨绦虫危害最为严重，特别是羔羊感染时，不仅影响生长发育，甚至可引起死亡。

1. 病原特征　该病是由寄生于羊小肠内的莫尼茨绦虫、曲子宫绦虫和无卵黄腺绦虫等数种绦虫引起的，尤其对羔羊危害严重，甚至成批死亡。本病的流行与土壤螨的生态特性有密切关系。早春放牧即可被感染，当羊吃草时吞食了地螨后，即可感染本病。地螨多在温暖和多雨季节活动，夏秋两季较多，所以羊绦虫病发病也较多。

2. 生活史　成虫寄生于羊的小肠内。成虫脱卸的孕节片或虫卵随宿主的粪便排出体外，虫卵散播，被地螨（中间宿主）吞食，六钩蚴在其消化道内孵出，发育为似囊尾蚴，羊采食时将含有似囊尾蚴的地螨吞入胃肠中，地螨即被消化而释放出似囊尾蚴，似囊尾蚴吸附于羊只的肠壁上，在小肠内发育成为成虫。莫尼茨绦虫主要感染1.5~7.5月龄的羔羊。

3. 临床症状　在感染初期，羔羊出现食欲减少，下痢等症状。严重感染时，特别是伴有继发性病时，会表现出明显的临床症状：食欲不振，常下痢，腹痛，粪便带有白色的孕卵节片，可视黏膜苍白，消瘦。末期患羊常因衰弱而卧地不起，抽搐，头向后仰或常做咀嚼动作，口周围留有许多泡沫。

4. 诊断　根据患病羔羊的发病情况、临床症状、解剖病变（小肠内有大量白色面条状虫体及绦虫节片）可以初步诊断。用盐水漂浮法处理粪便，镜检绦虫的虫卵，可确诊为绦虫病。

5. 预防　每年春季放牧前或秋季进行二次驱虫。开牧后每30~40天驱虫一次，效果更好。成年羊和羔羊分群饲养，避免到潮湿和有大量地螨地区放牧，也不要在雨后或有露水时放牧。注意羊舍卫生，对粪便和垫草要堆肥发酵，杀死粪内虫卵。

6. 治疗　丙硫苯咪唑5~10毫克/千克体重，口服；灭绦灵50毫克/千克体重，口服；硫双二氯酚40~60毫克/千克体重，口服。

中药可用槟榔50克、仙鹤草芽100克、雷丸20克、南瓜子100克。将槟榔、仙鹤草芽按用量加水1 000毫升煎熬至500毫升，再与研细的雷丸、南瓜子混调，一天2次，连服2天。

（六）脑多头蚴病

脑多头蚴病又叫脑包虫病。本病是由多头绦虫的幼虫——多头蚴寄生于绵、山羊的脑、脊髓内而引起脑炎、脑膜炎及一系列症状的疾病，严重者可引起患羊死亡。

1. 病原特征　脑多头蚴呈囊泡状，囊内充满透明的液体，外层为一层角质膜，囊的内膜上有100~250个头节，囊泡的大小从豌豆大到鸡蛋大。多头绦虫成虫呈扁平带状，虫体长为40~80厘米，有200~250个节片，头节上有4个吸盘。

2. 生活史　寄生在狗等肉食兽小肠内多头绦虫的孕卵节片，随粪便排出，当羊等反刍动物吞食了虫卵以后，卵内六钩蚴随血液循环到达宿主的脑部，经7~8个月发育成为多头蚴导致羊患脑多头蚴病。2岁以下的羔羊最易感，往往导致死亡，呈地区性流行。

3. 临床症状　感染初期，出现体温升高、呼吸及脉搏加快、兴奋、精神状态不好、前冲或后退等神经症状，数日内恢复正常。随着虫体在脑内寄生的部位不同，表现症状也不同。如寄生在大脑前部，病羊则向前直跑，直至头顶在墙上，向后仰；如寄生在大脑后部，则头弯向背面；如寄生在小脑，羊则表现四肢痉挛，体躯不能保持平衡。随着脑包虫逐渐长大，病羊精神沉郁，食欲减退，垂头呆立。在脑包虫感染后期，虫体寄生脑部浅层的羊只，头骨往往变软，皮肤隆起。

4. 诊断　一般根据临床症状以及羊场有犬并且有犬粪便污染饲料、饲草的可能，剖检病变部囊肿，制片镜检发现脑多头蚴即可确诊。

5. 预防　不要让狗吃患有脑包虫的羊脑，对养羊场或农户所养的狗要定期给予驱虫。驱虫后，对狗粪便集中深埋或者焚烧处理。

6. 治疗　通过手术治疗方法，摘除患羊脑内的虫体。药物可用吡喹酮进行治疗，每千克体重50毫克，连用5天；或者每千克体重70毫克，连用3天。

（七）羊消化道线虫病

羊消化道线虫病是羊消化道线虫寄生在羊胃肠引起消化紊乱、胃肠道发炎、贫血、消瘦、下痢为特征的寄生虫病。

1. 病原与流行情况　寄生于羊消化道。线虫种类很多，如捻转血矛线虫、奥斯特线虫、马歇尔线虫、毛圆线虫、细颈线虫、古柏线虫、仰口线虫等。有时是几种线虫的混合感染，是每年春季造成羊死亡的重要原因。无中间宿主。各种线虫的虫卵随粪便排出体外，羊在吃草或饮水时食入感染性虫卵或幼虫而发病。

2. 症状　主要表现为消化紊乱、胃肠道发炎、腹泻、消瘦、眼结膜苍白、贫血，严重病例下颌间隙水肿，发育受阻。少数病例体温升高，呼吸心跳快而弱，最后衰竭死亡。

3. 剖检变化　消化道各部有数量不等的线虫寄生。尸体消瘦、贫血，内脏显著苍白，胸、腹腔内有淡黄色渗出液，大网膜、肠系膜胶样浸润，肝脏、脾脏出现不同程度的萎缩、变性，真胃黏膜水肿，有时可见虫咬的痕迹和针尖大到粟粒大小结节，小肠和盲肠黏膜有卡他性炎症，大肠可见到黄色小点状的结节或化脓性结节，以及肠壁上遗留下的一些瘢痕性斑点。当大肠上的虫卵结节向腹膜面破溃时，可引发腹膜炎和多发性粘连；向肠腔内破溃时，则可引起溃疡性和化脓性肠炎。

4. 诊断　可用饱和盐水漂浮法检查新鲜粪便，发现虫卵即可确诊。羊死后剖检，可从消化道内发现虫体，加以鉴定，就可区别是哪种线虫所引起的疾病。

5. 防治　定期驱虫可很好地控制该病的发生。一般可安排在每年秋末进入舍饲后（12月份至翌年1月份）和春季放牧前（3~4月份）各一次。各地可依当地具体情况选择驱虫时间和次数。粪便堆积发酵处理。羊群应饮用自来水、井水或干净的流水，尽量避免在潮湿低洼地带、早晚及雨后放牧。

6. 治疗　丙硫咪唑，按每千克体重5~20毫克，口服；左旋咪唑，按每千克体重5~10毫克，混饲或皮下、肌肉注射；精制敌百虫，剂量为绵羊按每千克体重80~100毫克，山羊按每千克体重50~70毫克，口服。

（八）羊梨形虫病

羊梨形虫病是由泰勒科和巴贝斯科的各种原虫引起以高热、贫血、结膜黄染、血红蛋白尿为主要特征的一种地方性血液原虫病，俗称“羊焦虫病”。

1. 病原特征　与流行情况泰勒虫和巴贝斯虫是绵羊和山羊致病的主要病原体。羊泰勒虫在红细胞内虫体形状不一，以圆形、卵圆形为大多数，约占80%，其次为杆状，圆点状较少。圆形虫体的直径为1.6微米。红细胞内的虫体数1~4个。

羊巴贝斯虫寄生在红细胞内，虫体有双梨子形、单梨子形、椭圆形和不定形等各种形状。其中双梨子形占多数，其他形状虫体较少。梨子形虫体长度大于红细胞半径，虫体有两个染色质团块。双梨子虫体尖端以锐角相连，位于红细胞中央。

本病呈地方性流行。硬蜱是此病传播的中间宿主，有明显的季节性。一般发生在4~10月间，新疫区小羊多呈急性经过，死亡率高。患病耐过的羊有带虫免疫现象，不再发生此病。

2. 临床症状

（1）羊泰勒虫病　羊精神沉郁，体温升高到41℃，呈稽留热型，呼吸急迫，鼻发鼾声，脉搏加快，心律不齐，反刍减少，食欲减退乃至废绝，便秘或腹泻，尿黄，四肢僵硬，喜卧地，眼结膜初为充血，继而苍白，并有轻度黄染，羊体消瘦，体表淋巴结肿大，肩前淋巴结肿大尤为显著，可由核桃大至鸭蛋大，触之有痛感。

（2）羊巴贝斯虫病　体温升高至稽留数日，死前体温降低，呼吸浅表，脉搏加速，精神萎靡，食欲减退乃至废绝，可视黏膜苍白，高度黄染，血液稀薄，手捻如水，有时可见血红蛋白尿，并出现腹泻。后期出现神经症状，倒地死亡。

3. 剖检变化　羊泰勒虫病剖检时，可见尸体消瘦，贫血，全身淋巴结不同程度肿大，尤以肩前、肠系膜、肝、肺等处更为明显，肝脏、脾脏肿大，真胃黏膜有溃疡斑，肠黏膜有少量出血点。

巴贝斯虫病羊剖检可见黏膜与皮下组织贫血、高度黄染，脾肿大有出血点，胆囊肿大，充满胆汁，膀胱扩张，充满红色尿液，瓣胃常塞满干硬的物质。

4. 诊断　实验室检查采取羊静脉血液，制作血片，经姬姆萨或瑞特氏染色和镜检。泰勒虫病患羊，亦可采取淋巴结穿刺物涂片染色后镜检。死后诊断取淋巴结直接涂片染色镜检。

5. 预防　本病流行区在发病季节到来之前，要做好灭蜱工作，尤其是羊身上和栏舍灭蜱工作，防止蜱叮咬羊而发病。对新购的羊只，首先要选择非流行区，经隔离检疫后再合群。在发病季节前对羊进行药物预防注射。用贝尼尔按每千克体重3毫克配成溶液，深部肌肉注射1次。

6. 治疗　药物治疗用贝尼尔，剂量按每千克体重7毫克，以蒸馏水溶解，肌肉注射，每天1次，连用3天。也可用阿卡普林，剂量按每千克体重0.6~1毫克剂量，配成5%水溶液，静脉注射。24小时后可重复用药。黄色素按每千克体重3毫克，配成0.5~1%水溶液，静脉注射。注射时药物不可漏出血管外。注射后数天内须避免强烈阳光照射，以免灼伤。症状未见减轻时，间隔24~48小时再注射1次。治疗时除用驱虫药外，应辅以强心、补液和补充维生素等措施，以使患羊早日治愈。

（九）羊螨病

羊螨病是由于螨虫寄生于羊体表而引起的慢性寄生虫病。以绵羊受害最为严重。其特征是皮肤发生炎症、脱毛、奇痒。

1. 病原特征　本病是由痒螨和疥螨引起的外寄生虫病。疥螨与痒螨的全部发育过程都在羊体上度过，发育包括卵、幼虫、若虫和成虫4个阶段，其中雄螨有一个若虫期，雌螨有两个若虫期。虫体呈椭圆形，体长0.5~0.9毫米，呈锥形，足较长，特别是前两对。虫卵灰白色，呈椭圆形。疥螨虫体小，长0.2~0.55毫米，呈圆形，浅黄色。螨的体表覆有厚角皮，躯干不分节，雌虫比雄虫大。

疥螨主要发生于山羊，痒螨主要发生于绵羊。主要通过接触感染。本病主要发生于冬季，秋末和春初也可发生。当圈舍阴暗潮湿，羊群密度过大，皮肤卫生状况不良，营养缺乏，体质瘦弱，体表湿度过大时均易发生本病。不同龄的羊均可患病，但以羔羊最为严重，往往可导致死亡。

2. 临床症状　由于皮肤发炎，病羊在围栏、墙体及其他羊体等处进行摩擦，也有的自己啃咬患处，会出现越擦越痒，越咬越痒，患部向健部不断扩展的情况。脱毛、皮肤增厚是螨病病羊必然出现的症状。由于奇痒，在蹭痒时使皮肤发生结节、水疱，破裂后流出渗出液，渗出液与脱落的上皮细胞、皮毛和污垢混杂在一起，干燥后就结成痂皮。患部脱毛，皮肤增厚，失去弹性而形成皱褶。病羊由于大面积脱毛，使皮肤裸露于寒冷的空气之中，体温随之大量散失，体内蓄积的脂肪被大量消耗，导致迅速消瘦。痒螨主要危害绵羊，多发生于被毛稠密之处，脱毛明显，山羊痒螨病常见于耳壳内面，易在耳内形成黄色痂皮，将耳道阻塞。疥螨病主要危害山羊，多见于嘴唇四周、眼圈、耳根等处，严重者可见皮肤龟裂，影响采食。而绵羊主要局限于头部，病变部的皮肤有如干涸的石灰，故有“石灰头”之称。

3. 诊断　选择患羊皮肤与健康皮肤交界处的皮屑，刮取皮屑，放于载玻片上，滴加煤油，置显微镜下寻找虫体或虫卵。如欲观察活螨，用液体石蜡或甘油水溶液，可观察到其活动。

4. 预防　饲养管理人员注意观察羊群中的羊有无发痒、掉毛现象，及时挑出可疑病羊，隔离饲养。保持栏舍干燥，光线充足，通风良好，羊群密度适宜。引进羊只要进行严格的检疫，严禁将病原体带入，最好先隔离饲养一段时间，确认无螨病后，再混群饲养，疑似羊只要及早确诊，并隔离治疗。被污染的栏舍及用具用杀螨剂处理。每年在剪毛7天后要对羊进行药浴，药浴时要保证羊群一只不漏，药浴应该集中几群羊在1~2天时间内统一进行。皮下注射伊维菌素，每5天一次，不可连续注射超过5次。

5. 治疗

（1）局部疗法　注意每次涂擦面积不应超过体表的1/3，常用的药物有5%敌百虫溶液（来苏尔5份，溶于温水100份中，再加入5份敌百虫）。

（2）药浴疗法　常选用的药物有溴氰菊酯、巴胺磷、二嗪农（螨净）等。

（3）注射疗法　常用的药物有伊维菌素和碘硝酚。伊维菌素按每千克体重皮下注射0.2毫克，碘硝酚按每千克体重10毫克皮下注射。

第三节　肉羊常见病的防治

一、瘤胃臌气

羊由于饱食大量易发酵的饲料或空腹后骤然吃大量饲草引起饲料在瘤胃内发酵，产生大量气体，造成瘤胃膨胀的一种疾病。

1. 病因　本病为羊过食易于发酵的大量饲草，如露水草、带霜水的青绿饲料、开花前的苜蓿、马铃薯叶、豌豆、油渣及霉变的青贮饲料等引起。这些饲料在胃内迅速发酵，产生大量气体，因而引起瘤胃起急剧膨胀。此外，饲喂霜冻饲料、酒糟或霉败变质的饲料，也易发病。还可继发于食道阻塞、瘤胃积食、前胃弛缓、创伤性网胃炎、胃壁及腹膜粘连等疾病。该病多发生于春末夏初放牧的羊群。

2. 临床症状　急性瘤胃臌气的初期，病羊表现不安，回头顾腹，拱背伸腰，腹部凸起，有时左肷向外突出高于髋关节或中背线，反刍和嗳气停止。触诊腹部紧张性增加，叩诊呈鼓音，听诊瘤胃蠕动音减弱，黏膜发绀，心率加快。

慢性瘤胃臌气多为继发性和非泡沫性。发病缓慢，常呈周期性或间歇性臌气，按压腹壁紧张性较低。病羊食欲减退，瘤胃蠕动减弱，反刍减缓减少。严重时呼吸有些困难，但病轻时又转为平静，病羊消瘦，精神不振，被毛粗乱，掉群。由于前胃功能紊乱，病羊可表现间歇性腹泻和便秘。

3. 诊断　根据病史和临床症状，可以作出初步诊断。

4. 预防　防止羊采食过量的多汁、幼嫩的青草和豆科植物（如苜蓿）以及易发酵的甘薯秧、甜菜等。不在雨后或带有露水、霜的草地上放牧。大豆、豆饼类饲料要用开水浸泡后再饲喂。做好饲料保管和加工调制工作，严禁饲喂发霉腐蚀饲料。

5. 治疗　治疗原则为排气减压，制止发酵，恢复瘤胃功能。膨胀严重的病羊要用套管针进行瘤胃放气。膨胀不严重的用消气灵20~30毫升，液体石蜡油500毫升或植物油200~500毫升加水1 000毫升灌服。为抑制瘤胃内容物发酵，可内服防腐止酵药，如将鱼石脂20~30克、福尔马林10~15毫升加水配成1%~2%的溶液内服。

促进嗳气，恢复瘤胃功能，静注10%氯化钠500毫升和10%安钠咖10毫升。瘤胃内酸碱平衡失调时，静脉注射5%碳酸氢钠100~300毫升。

中药用枳实消痞散加减治疗：枳实10克、厚朴10克、莱菔子10克、木香10克、白术10克、神曲9克、山楂9克、大黄9克、茴香15克、芒硝20克，另加植物油100毫升，一次冲服。

二、前胃迟缓

本病是由于肉羊前胃兴奋性不足或收缩力缺乏，而导致的消化紊乱的一种常发病。临床特征为肉羊食欲、反刍、嗳气紊乱，胃蠕动减弱或停止，可继发酸中毒。

1. 病因

（1）原发性　多由于肉羊的体质衰弱，加之长期饲喂劣质粗硬、粗纤维过多难于消化或冰冻的饲料以及饮冷水等，致使前胃先过度兴奋，而后转为弛缓；或长期饲喂柔软的精料，对胃黏膜神经感受器的刺激不足，而发生此病。

（2）继发性　多见于牙齿疾病，瘤胃积食，瓣胃阻塞，以及全身性急、慢性疾病的过程中。

2. 临床症状　病羊的体温、脉搏、呼吸一般无显著变化，但病至后期脉搏变快而弱，在出现瘤胃臌气时，呈现呼吸困难。随着病期延长，病羊口舌青白，鼻镜干燥，精神极度沉郁，眼窝下陷，倦怠无力，毛焦肷吊，四肢浮肿，常常伏卧。慢性型病羊表现精神沉郁，倦怠无力，喜欢卧地，被毛粗乱，体温、呼吸、脉搏无变化，食欲减退，反刍缓慢，瘤胃蠕动力量减弱、次数减少，内容物呈现液状。慢性型的病羊，可呈现瘤胃积食、便秘和腹泻交替出现。老龄羊往往发展为营养性衰竭症，表现贫血，衰竭而死亡。

3. 诊断　急性型病羊食欲废绝，反刍停止，瘤胃蠕动力量减弱或停止。瘤胃内容物腐败、发酵，产生多量气体，左腹增大，触诊不坚实。继发性前胃弛缓，常伴有原发性疾病的特殊症状。诊疗中要加以鉴别。

4. 治疗　首先应查明病因，加强饲养管理，因过食引起者，禁食2~3次，然后供给易消化的饲料，使之恢复正常。

（1）西药治疗　法应先投给泻剂，清理胃肠，再投给兴奋瘤胃蠕动和防腐止酵剂。成年羊可用硫酸镁或人工盐20~30克、石蜡油100~150毫升、番木鳖酊2毫升、大黄酊10毫升，加水500毫升，一次内服；也可用酵母粉10克、红糖10克、酒精10毫升、陈皮酊5毫升，混合加水适量，一次内服。另外可用大蒜酊20毫升、龙胆末10克，加水适量，一次内服。

严重的前胃弛缓，药物治疗效果不佳，可采用手术疗法，切开前胃取出大量积食，可迅速康复。

兴奋瘤胃蠕动可用10%氯化钠500毫升、10%氯化钙10毫升、10%安钠咖10毫升，混合后，一次静脉注射。用2%毛果芸香碱注射液1毫升，皮下注射。防止酸中毒，可内服碳酸氢钠10~15克。

（2）中药治疗　用大承气汤加减：大黄12克、芒硝25克、枳壳10克、厚朴10克、麦芽10克、山楂10克、六曲10克、陈皮10克、香附10克、黄芪10克、槟榔6克，共研为末，开水冲调，加猪油100克，候温灌服。

三、瘤胃积食

瘤胃积食是因前胃（瘤胃、网胃、瓣胃）的兴奋性降低，肉羊采食了大量难以消化的饲料，使瘤胃体积增大、内容物停滞和阻塞，胃壁扩张，导致瘤胃运动和消化障碍、脱水和毒血症的一种疾病。中兽医叫宿草不转。临床上以瘤胃体积增大且较坚硬为特征。

1. 病因　该病主要是羊吃了过多的喜爱采食的饲料（如苜蓿、谷物、玉米），或养分不足的粗饲料（如干玉米秸秆等）。采食干料，饮水不足，也可引起该病的发生。此外，因过食或偷食精料，引起急性消化不良，使碳水化合物在瘤胃中形成大量乳酸，导致机体酸中毒。该病还可继发于前胃弛缓、瓣胃阻塞、创伤性网胃炎、腹膜炎、皱胃炎及皱胃阻塞等疾病。

2. 临床症状　本病一般在采食后不久发生，病初表现食欲、反刍减少或停止，鼻镜干燥，口舌赤红，后期青紫，粪干色暗，有时排少量稀软恶臭的粪便。患羊拱腰低头，四肢集于腹下或张开、摇尾，有时顾腹不安，用后肢或角撞击腹部，腹围膨大。触诊瘤胃，患羊表现疼痛，胃内容物呈面团状，以拳压迫后发生之压痕，恢复较慢。病初瘤胃蠕动音增强，然后减弱或消失。病情严重时，呼吸困难，结膜发红，脉搏加快，体温一般正常。病的末期，体力衰竭，四肢无力，步态不稳，有时卧地呈昏睡状态。过食大量豆类精料，通常呈急性经过，主要表现为中枢神经兴奋性增高，视觉障碍，脱水及酸中毒。

3. 诊断依据　病史及临床表现可以作出初步诊断。诊断时注意与瘤胃臌气、前胃弛缓区别。

4. 治疗原则　治疗以排除积食，抑制发酵，兴奋瘤胃，恢复机能为原则。若病情严重，用药物治疗不能达到目的时，宜迅速进行瘤胃切开手术，进行急救。

（1）洗胃疗法　用于轻度瘤胃积食。病羊停饲，按摩瘤胃，每次10~20分钟，1~2小时按摩一次，结合按摩灌服大量温水，用开口器将羊口打开，将胃管慢慢从口腔插入食道，待胃管进入瘤胃内，此时令羊低头，胃内容物即会流出，等无内容物流出时，将管口抬高，接上漏斗，慢慢灌入大量温水，并多次抽动胃管，再将管口放低，稀释的内容物即可流出，按上法冲洗数次。最后再灌入大量温水，并加入碳酸氢钠20~50克，食盐10~20克，灌入温水和药物后，将胃管抽出。此法心脏衰弱者慎用。

（2）药物疗法　主要应用瘤胃兴奋剂和泻剂，可酌情选择下列疗法。

①消导下泻可用石蜡油100毫升、人工盐或硫酸镁50克、芳香氨酯10毫升，加水500毫升，一次内服。

②止酵防腐可用鱼石脂1~3克、陈皮酊20毫升，加水250毫升，一次内服；纠正酸中毒可用5%碳酸氢钠100毫升、5%葡萄糖溶液200毫升，一次静脉注射；或用11.2%乳酸钠30毫升，一次静脉注射；或

用5%碳酸氢钠100~300毫升、5%葡萄糖250~500毫升、生理盐水250~500毫升、25%甘露醇50毫升、40%乌洛托品10毫升和25%葡萄糖50毫升一次静脉注射。

③兴奋瘤胃可静脉滴注10%氯化钠100~200毫升，或肌肉注射开胃消食或比赛可灵等，促使瘤胃蠕动。

经上述治疗措施无效时，可行瘤胃切开术，取出瘤胃内积聚的内容物。

④中兽医认为胃腑实积，宜破积导滞，以攻下泻实为主。

处方一：厚朴10克、大黄20克、枳实10克、牵牛子10克、槟榔6克、芒硝40克，将上述前五味药水煎2次，溶化芒硝口服。

处方二：大戟10克、滑石200克、二丑10克、山楂15克、麦芽15克、神曲15克、青皮10克、枳实10克、厚朴10克、芒硝15克、甘草6克，研末加猪油50克，开水冲服或水煎服。

四、酸中毒

酸中毒是因羊采食或偷食谷物饲料过多，从而引起瘤胃内产生乳酸的异常发酵，使瘤胃内微生物区系和纤毛虫生理活性降低的一种消化不良性疾病。临床表现以精神兴奋或沉郁，食欲废绝，瘤胃蠕动停止，胃液酸度升高，瘤胃积食和脱水等为特征。

1. 病因　主要为过食富含碳水化合物的谷物如大麦、小麦、玉米、高粱、水稻，或麸皮和糟粕等饲料所引起。本病发生的原因主要是对羊管理不严，致使偷食大量谷物饲料或突然增喂大量谷物饲料，使羊突然发病。通常在过食谷物饲料后4~6小时内发病，表现瘤胃积食症状。

2. 临床症状　病羊精神沉郁，腹胀，反刍减少甚至废绝，瘤胃蠕动停止。触诊瘤胃胀软，内容物为液体。体温正常或升高，心率和呼吸增快，眼球下陷，血液黏稠，皮肤丧失弹性，尿量减少，常伴有瘤胃炎。瘤胃液pH在6以下，视觉紊乱，盲目运动。病羊多死于心力衰竭和呼吸困难。

3. 预防　加强饲养管理，严防羊偷食谷物饲料及突然增加精饲料的喂量，应控制喂量，做到逐步增加，使之适应。供给适口性好营养丰富的青干草、嫩草芽、嫩树枝、萝卜丝和配合饲料。对病轻的羊在羊场周围草地上每天上下午放牧1~2小时，让其自由选择吃到一些喜欢吃的牧草。对能吃一些草料的病羊，每天每只以20~30克的人工盐拌入草料或撒进饲槽中让病羊自由采食或舔食。

4. 治疗　对病情严重，食欲废绝的羊，每天用50%葡萄糖液80毫升、糖盐水500毫升、10%安钠咖5毫升、5%碳酸氢钠液100~300毫升混合缓慢静脉注射，每日1次。灌服人工盐10克、木鳖酊2毫升、姜酊10毫升、复方龙胆酊10毫升，每日2次。

对体温升高、呼吸道有炎症的病羊，使用抗生素和对症疗法。肌注青霉素钠80万~320万单位，以防止羊继发感染。

当患羊出现神经症状时，静注20%甘露醇或25%山梨醇250毫升。

五、胃肠炎

胃肠炎是胃肠黏膜及其深层组织的出血性或坏死性炎症。临床以食欲减退或废绝、体温升高、腹泻、脱水、腹痛和不同程度的自体中毒为特征。

1. 病因　本病多因饲养管理不善造成，如采食大量的冰冻、发霉饲料，饲喂刺激性的化肥或饮不洁水等，服用过量驱虫药、泻药等，圈舍潮湿，卫生不良均可引起发病。该病还可继发于羊副结核、巴氏杆菌病、羊快疫、肠毒血症、炭疽及羔羊大肠杆菌病等疾病。

2. 临床症状　病羊表现食欲减少或废绝，口腔干燥发臭，舌有黄厚苔或薄苔，伴有腹痛，肠音初期增强，其后减弱或消失，排稀粪或水样便，排泄物腥臭或恶臭，粪中混有血液、黏液、坏死脱落的组织片。脱水严重，少尿，眼球下陷，皮肤弹性降低，消瘦，腹围紧缩。当虚脱时，病羊卧地，脉搏微细，心力衰竭。体温在整个病程中升高，病至后期，病羊四肢冷凉，昏睡，搐搦而死。慢性胃肠炎病程较长，病势缓慢。

3. 预防　加强饲养管理，消除病源，不喂霉败变质和冰冻不洁的饲料，定时定量喂给优质和易消化的饲料，精粗、青绿、多汁饲料适当搭配，不要突然更换饲料，供给充足清洁的饮水。平时注意观察，对发生消化不良和胃肠卡他病的病羊要及时治疗，防止发展到胃肠炎。

4. 治疗　消炎可用磺胺脒4~8克、小苏打3~5克，加水适量，一次内服。亦可用药用炭7克、萨罗尔24克、次硝酸铋3克，加水适量，一次内服；或用黄连素片15片、氟哌酸片2片（每片0.2克），加水适量，一次内服。菌必治2~4克溶解于生理盐水250毫升内，或环丙沙星注射液（0.4克）200毫升，一次静脉注射。脱水严重的宜补液，可用5%葡萄糖溶液300毫升、生理盐水200毫升、5%碳酸氢钠溶液100毫升，混合后一次静脉注射，必要时可以重复应用。下泻严重者可用1%硫酸阿托品注射液2毫升，皮下注射。

急性胃肠炎可用以下中药治疗，效果较好。

处方一：白头翁12克、秦皮9克、黄连2克、黄芩3克、大黄3克、山栀3克、茯苓6克、泽泻6克、郁金9克、木香2克、山楂6克，加水煎煮，一次内服。

处方二：葛根12克、黄芩9克、黄柏9克、黄连6克、白头翁15克、银花15克、连翘15克、秦皮15克、赤芍9克、丹皮6克，加水煎煮，一次内服。

六、感冒

感冒是肉羊受风寒侵袭引起的以上呼吸道炎症为主的急性全身性疾病。临床上以流清涕，羞明流泪，呼吸增快，皮温不均为特征。一年四季均可发病。

1. 病因　健康羊的上呼吸道通常寄生一些能引起感冒的病毒和细菌，由于羊营养不良、过劳、出汗和受寒等原因，使机体抵抗力下降，微生物大量繁殖而发病。其次是由于管理不当，如厩舍条件差，羊在寒冷的天气外出放牧或露宿，或出汗后置于在潮湿阴冷的地方，羊受寒致病。

2. 临床症状　体温升高40℃左右，低头嗜睡，耳尖鼻端和四肢末端发凉，眼结膜潮红，流泪，咳嗽，脉搏快。病初鼻镜干燥，鼻黏膜充血、肿胀、鼻塞，流浆性鼻液，以后流黏性和脓性鼻液，出现鼻塞音，打喷嚏等症状。食欲减退，反刍减少或停止，经3~5天好转，7~10天痊愈。

3. 治疗　以解热镇痛、祛风散寒为主。

病羊肌肉注射复方氨基比林5~10毫升，病毒唑10毫升，30%安乃近5~10毫升，以及复方奎宁、穿心莲、柴胡、鱼腥草等注射液。为防止继发感染，可与抗菌素药物同时使用。如给羊用青霉素160万单位、硫酸链霉素50万单位，加蒸馏水10毫升，分别肌肉注射，每日注射两次。病情严重时，也可静脉注射头孢唑啉钠2.0克，同时配合地塞米松等治疗。

七、羊支气管肺炎

羊支气管肺炎也叫小叶性肺炎，是支气管与肺小叶或肺小叶群同时发生的炎症。

1. 病因　本病是由于受寒感冒，机体抵抗力减弱，受病原菌的感染或直接吸入含有刺激性的有毒气体、霉菌孢子、烟尘等而致病。此外，本病也可继发于口蹄疫、乳房炎、子宫炎和肺线虫病等。

2. 临床症状　病羊咳嗽，食欲减退，精神不振，体温升高，呈弛张热型，最高时在40℃以上，脉搏加快，呼吸困难，表现短而干的咳嗽，呼吸急促，严重者可听到湿啰音，在清晨严重，支气管内渗出物增多，叩诊胸部有局灶性浊音，听诊肺区有捻发音。若并发肺坏疽及心包炎时，病情急剧恶化，常因全身中毒而死亡。

3. 病理　解剖胸腔液呈褐红色至灰色，支气管腔内有稠密而黏糊状的团块（有的带黏稠的黏液），肺脏坚实，呈红色至红褐色，肺泡内充满渗出液，肺的切面可见灰白色病灶，其中心部分有脓性软化物。

4. 预防　加强饲养管理，圈舍应通风良好，干燥向阳，每个圈舍的饲养密度要适中，冬季保暖，春季防寒，以防感冒。

5. 治疗

（1）控制感染。可用10%磺胺嘧啶注射液20毫升肌肉注射，氨苄青霉素2~4克一次肌肉注射，每天注射2次，连续注射2~3天。菌必治2~4克溶于生理盐水500毫升一次静脉注射。也可用青霉素80万单位、0.5%普鲁卡因2~3毫升直接进行气管内注射。

（2）对症治疗。病羊体温过高时，用安乃近2毫升或安痛定5~10毫升肌肉注射，每天2次。有干咳时，可给予镇咳祛痰剂，用氯化铵15克、酒石酸锑钾0.4克、杏仁水2毫升，加水混合灌服。强心可用10%樟脑磺酸钠注射液2~3毫升，一次肌肉或皮下注射。

（3）中药治疗。用麻黄12克、杏仁15克、生石膏40克（打碎先煎）、甘草3克、金银花10克、连翘6克、蒲公英10克、鱼腥草10克，水煎服。

八、佝偻病

本病系由于羔羊缺乏维生素D而引起钙、磷代谢障碍，导致骨骼形成异常的一种慢性疾病。

1. 病因　主要是由于饲料中缺乏维生素D以及日光照射不够，致哺乳羔羊体内维生素D缺乏，导致钙、磷吸收障碍，进一步造成钙、磷在体内代谢紊乱。此外，母乳及饲料中钙磷比例不当或缺乏，以及多原因的营养不良均可诱发本病。

2. 临床症状　羔羊生长不良或停滞，精神不好，消化紊乱，有异食现象（喜舔食泥土、墙壁等），软弱无力，喜卧，起卧缓慢，跛行，肋骨与肋软骨交界处出现关节肿胀，呈念珠状，肋骨变形，两前、后肢的腕、膝关节变形，呈外叉式“八”字形或内叉式“X”形。骨盆骨变形呈现狭窄以及脊柱下弯曲而变形。

3. 诊断　追踪饲料缺乏维生素D及钙、磷等原因，长骨弯曲，关节肿胀等特异表现即可做出诊断。

4. 预防　饲料中含有丰富的蛋白质、维生素D、钙、磷；羔羊要仔细饲养护理，尤其是缺乳或断奶后，要补给充足的维生素D、钙、磷饲料。

5. 治疗　维生素胶丁钙注射液5毫升与维生素AD注射液5毫升混合，肌肉注射，隔日1次，连用2~3周；补充钙可用10%葡萄糖酸钙注射液10~50毫升，一次静脉注射；饲料中按2%~3%补充骨粉。

九、羊氢氰酸中毒

氢氰酸中毒，是由于羊采食了含有氰甙的植物或误食了含有氰化物的食物，在胃内经酶水解和胃酸的作用，产生游离的氢氰酸而发生的中毒病。

1. 病因　主要是羊因采食了含氰甙的植物而中毒。含氰甙的植物较多，如高粱苗、玉米苗、马铃薯幼苗、亚麻叶、木薯、桃、李、杏及枇杷叶子等，或误食了氰化物农药污染的饲草或饮用了氰化物污染的水。当杏仁、桃仁用量过大时亦可致病。

2. 临床症状　病羊初期咳嗽，体温升高，呈弛张热型，高达40℃以上，呼吸浅表、增快，呈混合性呼吸困难，叩诊胸部有局灶性浊音区，听诊肺区有捻发音。中后期呈现间歇热，体温升高至41.5℃。咳嗽、呼吸困难。

3. 剖检变化　剖检可见尸僵不全，血液呈鲜红色，凝固不良，口腔有血色泡沫。喉头、气管和支气管黏膜有出血点，气管和支气管内有大量泡沫状液体，肺充血、出血和水肿，心内外膜有点状出血。胃肠黏膜充血和出血，胃内充满气体，有苦杏仁味。

4. 诊断　根据采食情况及临床症状可做出诊断。饲料性中毒时吃得越多死得越快，确诊必须进行毒物分析。

5. 预防　禁止在含有氰甙作物的地方放牧。在用含有氰甙的高粱苗、玉米苗、胡麻苗等做饲料时，应经过水浸或发酵后再喂饲，要少喂、勤喂，一次不可给予过多。

6. 治疗　用亚硝酸钠0.1~0.2克，配成5%的溶液，静脉注射，然后再注射3%~10%的硫代硫酸钠溶液20~60毫升。

十、有机磷中毒

有机磷农药中毒，是由于羊接触、吸入和采食某种有机磷农药（或制剂）而引起的全身中毒性疾病。

1. 病因　主要是由于羊误食了喷有有机磷农药（敌百虫、敌敌畏和乐果等）的农作物或蔬菜，或喝了被农药污染的水，或者舔食了没有洗净的农药用具。使用含有机磷兽药驱虫不当也可引起中毒。有机磷农药可通过消化道、呼吸道及皮肤进入体内，然后与胆碱酯酶结合生成磷酰化胆碱酯酶，使其失去水解乙酰胆碱的作用，致使体内乙酰胆碱蓄积，呈现出胆碱能神经过度兴奋的各种表现。

2. 临床症状　病羊流涎，流泪，咬牙，瞳孔收缩，眼球颤动，个别羊严重腹泻，无食欲，反刍停止，全身发抖，步态不稳，卧倒在地，全身麻痹，呼吸困难，有的窒息死亡。病羊心跳每分钟100次以上，呼吸每分钟50次以上，体温正常。有机磷中毒在临床上可以分为3类症候群：

（1）毒蕈碱样症状　表现为食欲不振，流涎，呕吐，腹泻，腹痛，多汗，尿失禁，瞳孔缩小，可视黏膜苍白，呼吸困难，肺水肿以及发绀等。

（2）烟碱样症状　表现为肌纤维性震颤，血压升高，脉搏频数，麻痹等。

（3）中枢神经系统症状　表现为兴奋不安，体温升高，抽搐，昏睡等，中毒羊兴奋不安，冲撞蹦跳，全身震颤，进而步态不稳，以致倒地不起，在麻痹下窒息死亡。

3. 诊断　依据症状、毒物接触史和毒物分析，并测定胆碱酯酶活性可以确诊。

4. 剖检变化　胃黏膜充血，出血，肿胀，黏膜易脱落。肺充血肿大，气管内有白色泡沫。肝脾肿大，肾脏混浊肿胀，被膜不易剥落。

5. 预防　严格农药管理制度和使用方法，不在喷洒农药地区放牧，拌过农药的种子不得喂羊。引起绵羊的中毒量为3克/千克体重。

6. 治疗

（1）灌服盐类泻剂，尽快清除胃内毒物，可用硫酸镁或硫酸钠

30~40克，加水适量一次内服。

（2）应用特效解毒剂，可用解磷定、氯磷定，按每千克体重15~30毫克，溶于5%葡萄糖溶液100毫升内，静脉注射，以后每2~3小时注射一次，剂量减半，根据症状缓解情况，可在48小时内重复注射；或用双解磷、双复磷，其剂量为解磷定的一半，用法相同；或用硫酸阿托品，按每千克体重10~30毫克，肌肉注射。症状不减轻可重复应用解磷定和硫酸阿托品。

（3）有机磷中毒后应尽早采用药物治疗。阿托品皮下注射配合胆碱酯酶复能剂（碘解磷定、氯磷定或双复磷注射液）的同时，结合其他对症疗法。对兴奋不安的、出汗严重的静脉滴注镇静剂，不可使用氯丙嗪。对超过36小时中毒者，复能剂已不能发挥治疗作用，除使用阿托品治疗外，给病羊输血100~200毫升，有良好作用。中毒症状缓解之后，不要过早停止阿托品的使用，以免残毒再吸收而引起复发，最低限度维持量不能少于72小时。在治疗有机磷中毒的过程中，切忌静脉补碱。因为解磷定在碱性环境中可水解成毒性极强的氰化物。

十一、流产

流产是指母羊妊娠中断或胎儿不足月排出子宫外而死亡的一种疾病。流产分为小产、流产和早产。

1. 病因　引起母羊流产的原因极为复杂。属传染性流产者，多见于布氏杆菌病、弯杆菌病、沙门氏菌病等。非传染性者，可见于子宫畸形，胎盘坏死，胎膜炎和羊水增多症等。内科病，如肺炎、肾炎；有毒植物中毒、食盐中毒、农药中毒；营养代谢障碍病，如无机盐缺乏、微量元素不足或过剩，维生素A、维生素E不足等。外科病，如外伤、蜂窝织炎、败血症。此外，饲喂冰冻、霉败的饲料，长途运输，过于拥挤，水、草供应不均衡等，也可导致流产发生。

2. 临床症状　突然发生流产者，一般无特殊表现。发病缓慢者，精神不佳，食欲减退，腹痛，努责，咩叫，阴户流出羊水，待胎儿排出后稍为安静。若在同一群中病因相同，则陆续出现流产，直至受害母羊流产完毕，方能稳定下来。由于外伤致病的，羊发生隐性流产，即胎儿不排出体外，自行溶解，溶解物或排除子宫外或形成胎骨留在子宫内。受伤的胎儿常因胎膜出血，剥离，于数小时或者数天才排出。

3. 诊断　根据临床症状和流产胎儿，可以做出诊断。

4. 防治　用疫苗控制传染病，严格定期按疫苗使用说明书进行接种，控制由传染病引起山羊死亡和流产。采用新的驱虫兽药如虫克星、阿福丁、伊力佳、阿力佳等，春秋定期驱虫，控制和降低羊只体内外寄生虫的危害。对流产母羊及时使用抗菌消炎药品。对疑似病羊的分泌物、排泄物及被污染的土壤、场地、圈舍、用具和饲养人员衣物等进行消毒灭菌处理。

加强饲养管理水平，控制由管理不当，如拥挤，缺水，采食毒草、霜草、冰凌水，受冷等因素诱发的流产。圈舍要清洁卫生，阳光充足，通风良好。入冬后不再清除粪便，经羊只踩踏形成“暖炕”，春秋之交时挖粪出圈。冬春季每天清扫圈内，定期消毒棚圈，防止疫病传入。

对产羔母羊、羔羊及公羊及时补饲，制定冬春补喂标准，母羊怀孕后期补喂标准要高于怀孕前期标准，补喂常规元素（Ca、P、Na、K）等和微量元素（Cu、Mn、Zn、S、Se）等，对补喂羊只做到定时定量，不补喂霉变的饲草、饲料。

十二、难产

难产是指羊分娩时不能将胎儿顺利地由产道产出。

1. 病因　羊难产的原因很多，常见的有以下几种。

（1）胎儿过大性难产。以澳美羊为父本改良的羊，胎儿发育普遍较大，从而发生娩出困难。

（2）阵缩、努责无力而发生难产。由于饲养管理不当，母羊过瘦、过肥、过累而致阵缩、努责无力引起难产。

（3）胎势、胎位、胎向不正而引起的难产。

2. 临床症状　母羊已经到分娩日期，并且已有分娩预兆，如乳房肿大，软产道肿大、松软，骨盆韧带松软，子宫开始阵缩，子宫颈开张，孕羊发生阵痛，起卧不安，时有拱腰努责，回头顾腹，阴门肿胀，从阴门流出红黄色羊水，有时露出部分胎衣，有时可见胎儿蹄或头，母羊卧地怒责，但不见胎儿产出。

3. 预防　不要在母羊成熟前进行配种，尤其是公、母羊混群放牧的羊群更应注意。加强怀孕母羊的饲养管理，如母羊营养不良和瘦弱，则容易发生难产及其他疾病。分娩前要做好接羔助产的各项准备工作，分娩时要有专人负责，发现分娩过程有异常要及时助产。

4. 治疗　羊发病后应及时采取助产方法进行治疗。

保定及消毒：一般使母羊侧卧保定。助产器械需浸泡消毒，术者、助手的手及母羊的外阴处，均要彻底清洗消毒。

胎儿、胎位检查及助产：将手伸入阴道内检查胎儿姿势及胎位是否正常，胎儿是否死亡。若胎儿有吸吮动作、心跳，或四肢有收缩活动，表示胎儿仍存活，按不同的异常产位将其矫正，然后将胎儿拉出产道。

对于阵缩及努责微弱者，可皮下注射垂体后叶激素、麦角碱注射液1~2毫升。麦角碱制剂只限于子宫颈完全开张，胎势、胎位及胎向正常时方可使用。

对于子宫颈扩张不全或子宫颈闭锁，胎儿不能产出，或骨骼变形，致使骨盆腔狭窄，胎儿不能正常通过产道者，可进行剖腹产急救胎儿，以保护母羊安全。

十三、乳房炎

羊乳房炎是乳腺、乳池、乳头局部的炎症，多见于泌乳期的绵羊、山羊。特征为乳腺发生各种不同性质的炎症，乳房发热、红肿、疼痛，影响泌乳机能和产乳量。

1. 病因　引起乳房炎的因素很多，主要是环境卫生不良、消毒不严、违规操作，致使金色葡萄球菌或链球菌侵入引起。一些疾病如结核杆菌病、放线菌病、口蹄疫以及子宫疾病等都可继发乳房炎。多见于挤乳技术不熟练，损伤了乳头、乳腺体，或因挤乳工具不卫生，使乳房受到细菌感染所致。亦可见于结核病、口蹄疫、子宫炎、脓毒败血症等过程。

2. 临床症状

（1）急性乳房炎　患病乳区增大、发热、疼痛。乳汁变稀，混有絮状或粒状物，乳汁可呈淡黄色水样或带有红色水样黏性液。同时可出现不同程度的全身症状，表现食欲减退或废绝，瘤胃蠕动和反刍停滞，体温高达41~42℃，呼吸和心搏加快，眼结膜潮红。严重时眼球下陷，精神沉郁，起卧困难，有时体温升高持续数天而不退，急剧消瘦，常因败血症而死亡。

（2）慢性乳房炎　多因急性型未彻底治愈而引起。一般没有全身症状，患病乳区组织弹性降低、僵硬。触诊乳房时，发现大小不等的硬块。乳汁稀、清淡，泌乳量显著减少，乳汁中混有粒状或絮状凝块。

（3）隐性乳房炎　不表现临床症状，仅乳汁有变化，称之为隐性乳房炎。

3. 预防　改善羊圈的卫生条件，扫除圈舍污物，定期消毒棚圈，使乳房经常保持清洁。对病羊要隔离饲养，单独挤乳，防止病菌扩散，每次挤奶前要用温水将乳房及乳头洗净，用干毛巾擦干，挤完奶后，应用0.05%新洁尔灭浸泡或擦拭乳头。乳用羊要定时挤奶，一般每天挤奶3次为宜，产奶特别多而羔羊吃不完时，可人工将剩奶挤出。怀孕后期不要停奶过急，停奶后将抗生素注入每个乳头管内。分娩前如乳房过度肿胀，应减少精料及多汁饲料。

4. 治疗

（1）局部治疗　乳房炎初期可用冷敷，用雄黄30克、五倍子30克、生大黄30克、黄柏30克、冰片6克，研成细末，用陈醋调和涂于患部，每天1次。中后期用热敷，也可用10%鱼石脂酒精或10%鱼石脂软膏外敷。除化脓性乳房炎外，外敷前可配合乳房按摩。

用0.25%普鲁卡因10毫升，加青霉素160万单位分3~4个点直接注入乳腺组织内。也可用庆大霉素8万单位，或青霉素160万单位，蒸馏水20毫升，用乳头管针头通过乳头2次注入，每天2次，注射前应用酒精棉球消毒乳头，并挤出乳房内乳汁，注射后要按摩乳房。也可向乳房硬肿周围注射10毫升红花注射液2~3次。

（2）全身治疗　对乳房极度肿胀，发高热的全身性感染者，应及时用氧氟沙星、头孢菌素、庆大霉素、卡那霉素、青霉素等抗生素进行治疗。

中药治疗以清热解毒，活血消肿为原则，选用公英地丁汤加减：蒲公英50克、地丁50克、连翘15克、乳香12克、没药12克、二花15克、青皮15克、穿山甲9克、川芎12克、黄芩15克、红花9克、当归15克，水煎灌服，连用3~5剂。

十四、胎衣不下

羊胎衣不下是指孕羊产后4~6小时，胎衣仍排不下来的疾病。

1. 病因　本病发生的主要原因是母羊妊娠后期运动不足，饲料单一、品质差，缺少矿物质、维生素、微量元素。母羊瘦弱，胎儿过大，难产和助产操作不当都可以引起子宫收缩弛缓，收缩乏力，而导致胎衣不下。

2. 临床症状　羊常表现拱腰努责，食欲减少，精神较差，体温升高，呼吸及脉搏增快。胎衣长久滞留不下，可发生腐败，从阴门中流出污红色腐败恶臭的恶露，其中混杂有灰白色未腐败的胎衣碎片或脉管，当全部胎衣不下时，部分胎衣从阴户中垂露于后肢关节部。

3. 预防　加强怀孕母羊的饲养管理，注意日粮中钙、磷、维生素A、维生素D的补充。积极做好布氏杆菌病的防治工作。注意保持产房的清洁卫生。临产前后，对阴门及其周围进行消毒。分娩时保持环境清洁和安静，分娩后让母羊舔干羔羊身上的液体，尽早让羔羊吮乳或人工挤奶，以防止和减少胎衣不下的发生。

4. 治疗　病羊分娩后不超过24小时可肌肉注射垂体后叶素注射液、催产素注射液或麦角碱注射液1毫升，用药48小时而不奏效者，应立即手术治疗。术后子宫注入抗生素，如土霉素2克溶于100毫升生理盐水注入子宫腔内。

中兽医治疗以补气益血为主，佐以行滞祛淤。

（1）炒川芎10克、酒当归10克、五灵脂10克、赤芍10克、生芪20克、党参20克、红花6克、益母草20克、桃仁9克、乳香10克、生姜10克、艾叶12克、炙干草6克、生蒲黄10克，共研为细末，开水冲服。

（2）中成药生化汤丸10~15丸，温水1次冲服。

十五、骨折

羊骨骼发生裂隙或断离称为骨折。常在骨折部发生软组织损伤。骨折分开放性骨折（皮肤破裂、骨露创外）和闭合性骨折（皮肤未破，骨体有断离），以及不全骨折或骨裂（仅骨发生裂隙而骨体未断离），是一种比较严重的外科疾病。

1. 病因

外伤性：多由于管理不善，直接或间接暴力所致。外力直接打击、火器伤、两羊角斗；间接暴力，如跨越沟渠，在舍中滑倒都能造成骨折。

病理性：代谢性疾病、佝偻病、骨软病、骨骼钙化不全、骨髓炎、氟中毒可使骨骼的坚韧性发生变化，在受到外力作用时便可发生骨折。

2. 临床症状　由于骨折的性质、部位、程度不同，所以临床症状也不同。共同的临床症状为变形、异常活动、肿胀与出血、疼痛、骨摩擦音及功能障碍。病羊不愿站立，运步时三蹄跳，由于剧烈疼痛致使病羊不愿运动。在临床上常见有肱骨骨折、桡骨骨折、蹄骨骨折、股骨骨折、盆骨骨折等。

3. 诊断　根据病史和临床症状，可以做出诊断。

4. 预防　骨折主要由意外事故造成，所以平时必须加强管理，搞好高产母羊的妊娠后期及泌乳高峰期的管理，合理搭配饲料，减少羊的各种疾病，尽量杜绝骨折的发生。

5. 治疗　对闭合性骨折，按照早期整复，合理固定的原则进行治疗。

患处清理后涂5%碘酊消毒。骨折处上下拉直，用手正骨复位。内衬棉花，然后用绷带（或石膏绷带）缠绕3~5层。前后左右各放一根薄竹片或薄木片再用纱布绷带多缠几层，然后用细绳（纱布条）上中下捆绑好。缠绷带不能过紧或过松，要适中。每日要把羊扶起，使之站立吃草料和饮水，不能过多活动。患部肿胀消失，患肢能负重时要解开绑带。对开放性骨折，为防止感染可肌注抗菌素。

参考文献

[1] 马章全, 冯忠义. 肉羊高效生产技术[M]. 西安: 陕西人民教育出版社, 1998: 20–65.

[2] 马章全, 冯忠义. 肉羊高效舍饲繁育技术[M]. 北京: 中国标准出版社, 2001: 5–10, 21–25.

[3] 赵有璋. 肉羊高效益生产技术[M]. 北京: 中国农业出版社, 1998: 70–83, 113–120.

[4] 陈玉林. 肉羊高效生产实用技术问答[M]. 北京: 中国农业出版社, 1998: 177–185.

[5] 罗军, 王志云. 肉羊实用生产技术[M]. 西安: 陕西科学技术出版社, 1998: 112–128.

[6] 尹长安. 舍饲肉羊[M]. 北京: 中国农业大学出版社, 2005: 15–38.

[7] 陈励劳. 杂种羔羊舍饲育肥及屠宰性能分析[J]. 中国草食动物, 2010, 30(1): 31–33.

[8] 刘洁, 刀其玉, 邓凯东. 肉用羊营养需要及研究方法研究进展[J]. 中国草食动物, 2010, 30(3): 67–70.

[9] 邢福珊, 魏宏升. 圈养肉羊[M]. 赤峰: 内蒙古科学技术出版社, 2004.

[10] 王光雷. 动物寄生虫病防治实用新技术[M]. 北京: 中国

农业出版社，2009.

[11] 罗成锋，徐兴旺. 高寒山区肉羊的舍饲圈养技术 [J]. 当代畜牧，2010 (9)：13–14.

[12] 孙军龙，张英杰，刘月琴，等. 月龄对杂交羔羊育肥性能和肉品质的影响 [J]. 饲料研究，2011 (2)：65–67.

[13] 范景胜，熊朝瑞，陈天宝，等. 14个黑山羊品种（类群）羔羊胴体性状和肉品质分析 [J]. 中国草食动物，2011, 31 (1)：23–25.

[14] 张耀强. 波尔山羊与徐淮白山羊杂交二代产肉性能及肉品质研究 [D]. 兰州：甘肃农业大学， 2007 .

[15] 刘卓，娄玉杰. 舍饲对羊生产性能的影响 [J]. 黑龙江农业科学，2007 (3)：59–61.

[16] 韩卫杰，王永军，杨朝霞，等. [J]. 西北农林科技大学学报：自然科学版，2007, 35 (6)：24–28.

[17] 田秀娥，王永军. 肉山羊高效生产技术 [M]. 成都：四川民族出版社，2004.

[18] 杨诗兴. 开展经济杂交促进我国优质羊肉生产的思考 [J]. 中国草食动物，2008 (1)：52–54.

[19] 赵有璋. 发展现代养羊业生产的社会生态学 [J]. 家畜生态学报，2008, 29 (5)：1–8.

[20] 王永军，田秀娥，陈玉林，等. 肉羊密集繁殖体系的设计与应用效果预测研究 [J]. 家畜生态学报，2007, 28 (1)：1–5.

[21] 高腾云，宋洛文. 肉羊品种的培育与杂交利用 [J]. 家畜生态学报，2005, 26 (1)：4–8.

[22] 郭孝，介晓磊，哈斯通拉格，等. 日粮中添加高微量元素苜蓿干草对杜泊羊生产性能的影响 [J]. 家畜生态学报，2009, 30 (1)：29–33.